信息技术人才培养系列规划教材

UI 设 计 实 战 系 列

Illustrator CC

平面设计实战

慕课版

学 IT 有疑问
就找千问千知!

◎ 千锋教育高教产品研发部 编著

人民邮电出版社

北 京

图书在版编目（CIP）数据

Illustrator CC 平面设计实战：慕课版 / 千锋教
育高教产品研发部编著. -- 北京：人民邮电出版社，
2021.8

信息技术人才培养系列规划教材

ISBN 978-7-115-53457-6

Ⅰ. ①I… Ⅱ. ①千… Ⅲ. ①平面设计－图形软件－
教材 Ⅳ. ①TP391.412

中国版本图书馆CIP数据核字(2020)第031125号

内 容 提 要

本书主要介绍使用 Illustrator CC 进行平面设计的方法和技巧。全书共分 12 章，包括初识 Illustrator CC、Illustrator 的基础操作、绘图工具、图形编辑、填充与描边、高级图形编辑、添加文字、图层与蒙版、效果与外观、图表和符号、切片与网页输出、文件自动化处理。本书采用理论联系实际、图文并茂的教学方式，让读者沉浸在制图、绘图的乐趣中，从而轻松掌握 Illustrator CC 的基础功能。此外，每章均设置了习题，以加强读者对重点内容的学习。

本书可作为高等院校计算机平面设计及相关专业的教材及教学参考书，还可作为平面设计人员的自学用书。

◆ 编　著　千锋教育高教产品研发部

　　责任编辑　李　召

　　责任印制　王　郁　马振武

◆ 人民邮电出版社出版发行　　北京市丰台区成寿寺路 11 号

　　邮编　100164　电子邮件　315@ptpress.com.cn

　　网址　https://www.ptpress.com.cn

　　北京博海升彩色印刷有限公司印刷

◆ 开本：787×1092　1/16

　　印张：13.25　　　　　　　　2021 年 8 月第 1 版

　　字数：353 千字　　　　　　2021 年 8 月北京第 1 次印刷

定价：79.80 元

读者服务热线：(010)81055256　印装质量热线：(010)81055316

反盗版热线：(010)81055315

广告经营许可证：京东市监广登字 20170147 号

编 委 会

当今世界是知识爆炸的世界，科学技术与信息技术快速发展，新型技术层出不穷，教科书也要紧随时代的发展，纳入新知识、新内容。

IT行业需要的不是只有理论知识的人才，而是技术过硬、综合能力强的实用型人才。高校毕业生求职面临的第一道门槛就是技能与经验。学校往往注重学生理论知识的学习，忽略了对学生实践能力的培养，导致学生无法将理论知识应用到实际工作中。

为了杜绝这一现象，本书倡导快乐学习、实战就业，在语言描述上力求准确、通俗易懂，在章节编排上循序渐进，从项目的实际需求入手，将理论知识与实际应用相结合，目标就是让初学者能够快速成长，积累一定的项目经验，从而在职场中拥有一个高起点。

千锋教育

本书特点

在日常生活中，海报、易拉宝、商品包装盒等带有宣传意味的印刷品随处可见，美观精致的印刷品可以迅速吸引人的关注，从而激发消费者购买的欲望。一个注重品牌宣传的公司通常会制定一套企业VI系统，包括企业Logo、文件袋、茶杯、便签纸、笔记本等。这些都可以利用Adobe Illustrator进行设计。本书由浅入深地讲解Illustrator CC的具体使用方法，不仅细致地讲述了Illustrator CC中各项菜单命令、工具的作用，而且设置了丰富实用的操作案例。读者可以在了解Illustrator CC基本使用方法的基础上，通过一系列实际操作，达到灵活运用的目的。

通过本书你将学习到以下内容。

第1章：介绍了Illustrator CC的常见用途、工作界面，以及该软件支持的文件格式和在首选项中可以进行的相关设置。通过本章的学习，读者可以从宏观上大体了解Illustrator CC，为后面的学习奠定基础。

第2章：讲解了Illustrator的基础操作，包括新建、打开、关闭、存储、导出文件的方法，以及与画板有关的设置，同时介绍了4种界面辅助工具的添加方法。

第3章：详细讲解了各种绘图工具的使用方法，包括钢笔工具、形状工具、编辑路径和锚点的工具等。通过本章的学习，读者可以全面了解绘图工具的操作方法，结合使用这些工具，可以绘制精美的图像。

第4章：介绍了多种图形编辑工具。第1节讲解了各种选择工具的使用；第2节和第3节讲解了常规编辑和特殊编辑，基本涵盖了编辑对象的所有操作；第4节详细介绍了路径查找器。读者需要熟练掌握本章内容。

第5章：主要介绍了为图形上色的相关知识。只有为绘制的图形添加了合适的填充或描边颜色后，图像才会更加美观。本章内容十分重要。

第6章：讲解了一些高级的图形编辑技巧，包括图像变形、封套扭曲、图形混合等内容。通过这些工具可以完成较为高级的图像操作，从而使图像更加具有吸引力。

第7章：详细讲解了各种文字工具的使用方法，以及文字编辑的相关操作。读者需要熟练掌握本章内容。

第8章：详细讲解了图层的相关知识和操作方法。读者需要熟练掌握本章内容。

第9章：介绍了Illustrator CC中的各种效果命令。读者在学习时需要结合实际操作了解各种参数的作用，并做到灵活运用。

第10章：介绍了图表工具和符号工具的相关内容。

第11章：主要讲解了图形输出。

第12章：主要介绍了批处理方法。读者使用批处理可以提高工作效率。

针对高校教师的服务

千锋教育基于多年的教育培训经验，精心设计了"教材+授课资源+考试系统+测试题+辅助案例"教学资源包。教师使用教学资源包可节约备课时间，缓解教学压力，显著提高教学质量。

本书配有千锋教育优秀讲师录制的教学视频，按知识结构体系已部署到教学辅助平台"扣丁学堂"，可以作为教学资源使用，也可以作为备课参考资料。本书配套教学视频，可登录"扣丁学堂"官方网站下载。

高校教师如需配套教学资源包，也可扫描下方二维码，关注"扣丁学堂"师资服务微信公众号获取。

扣丁学堂

针对高校学生的服务

学IT有疑问，就找"千问千知"，这是一个有问必答的IT社区。平台上的专业答疑辅导老师承诺在工作时间3小时内答复您学习IT时遇到的专业问题。读者也可以通过扫描下方的二维码，关注"千问千知"微信公众号，浏览其他学习者在学习中分享的问题和收获。

学习太枯燥，想了解其他学校的伙伴都是怎样学习的？你可以加入"扣丁俱乐部"。"扣丁俱乐部"是千锋教育联合各大校园发起的公益计划，专门面向对IT有兴趣的大学生，提供免费的学习资源和问答服务，已有超过30万名学习者获益。

千问千知

资源获取方式

本书配套资源的获取方法：读者可登录人邮教育社区www.ryjiaoyu.com进行下载。

致谢

本书由千锋教育UI教学团队整合多年积累的教学实战案例，通过反复修改最终撰写完成。多名院校老师参与了教材的部分编写与指导工作。除此之外，千锋教育的500多名学员参与了教材的试读工作，他们站在初学者的角度对教材提出了许多宝贵的修改意见，在此一并表示衷心的感谢。

意见反馈

虽然我们在本书的编写过程中力求完美，但书中难免有不足之处，欢迎读者给予宝贵意见。

千锋教育高教产品研发部
2021年8月于北京

目录

第1章

初识 Illustrator CC

Adobe Illustrator 是由 Adobe 公司开发并发行的矢量图形软件，简称"AI"。该软件广泛应用于海报、包装、插画、互联网页面等平面设计及其他领域。本章将详细讲解 Illustrator 的常见用途、工作界面和首选项的设置，帮助读者为后面的学习打下基础。

本章学习目标

- ⊙ 了解 Illustrator 的用途
- ⊙ 初步认识 Illustrator 工作界面的功能分区
- ⊙ 掌握 Illustrator 首选项的设置方法

1.1 Illustrator 的用途

在日常生活中，Illustrator作品随处可见，潜移默化地影响着每个人。例如，地铁或公共汽车上的广告、公交候车亭的广告、商店的促销海报等，这些都是使用Illustrator设计制作的。本节将详细介绍Illustrator的具体用途。

① 广告平面设计

Illustrator作为一款强大的矢量图形软件，广泛应用于广告平面设计，如传单、促销海报、易拉宝展架、车贴、菜单、折页宣传册等，如图1.1所示。

图 1.1 平面广告

② 插画设计

插画是目前比较流行的设计元素，广泛运用于广告、网页、移动端设计产品中。使用Illustrator可以绘制精美的插画，如图1.2所示。

图 1.2 插画

③ 包装设计

在日常生活中，绝大多数产品都有包装，如书籍封面、饮料瓶、零食包装袋等，这些包装都可以使用Illustrator设计完成，如图1.3所示。

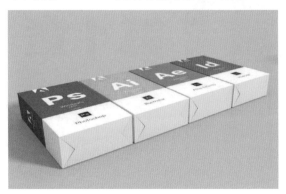

图 1.3 包装

④ 标志设计

一个企业的标志（商标）可以区别一个经营者的品牌或服务与其他经营者的品牌或服务。作为企业的无形资产，商标的设计显得尤为重要。使用Illustrator可以制作矢量图标志，如图1.4所示。

图 1.4 标志

Illustrator除了可以制作以上几种产品外，还可以用于企业的VI（Visual Identity，视觉识别）系统设计、网页设计等。此外，Illustrator与Photoshop搭配使用，可以制作具有特殊效果的图像。

1.2 Illustrator 的工作界面

与Photoshop相同，Illustrator的工作界面也是由菜单栏、工具栏、工具属性栏、面板和文档窗口组成，如图1.5所示。

图1.5　Illustrator 工作界面

菜单，如图1.6所示。菜单栏中的许多菜单是多层级的，选择菜单中的一个命令即可执行该命令。如果命令后面有快捷键提示，通过快捷键可以快速执行该命令。例如，调出路径查找器，按快捷键【Shift+Ctrl+F9】即可。菜单中黑色字体代表可用，灰色字体代表不可用。

| Illustrator CC | 文件 | 编辑 | 对象 | 文字 | 选择 | 效果 | 视图 | 窗口 | 帮助 |

图1.6　菜单栏

菜单栏包括文件、编辑、对象、文字、选择、效果、视图、窗口、帮助9项菜单，各项菜单的具体用途如表1.1所示。

① **菜单栏**

在Illustrator的菜单栏中可以直接调用所需的

表1.1　　　　　　　　　　　　　　　　　菜单栏

分类	特征
文件	该菜单包括一些文件操作命令，如新建、打开、关闭、存储、导出、文档设置等，该菜单下的大部分命令都有对应的快捷键，读者需要记忆常用命令的快捷键
编辑	该菜单包括一些对象操作的命令，如剪切、复制、粘贴等，还包括一些预设命令
对象	该菜单包括针对选中对象的操作命令，如变换、排列、编组、锁定、隐藏、封套扭曲、图像描摹、剪切蒙版等
文字	该菜单的命令都是针对文本对象而设计的，如字体、大小、类型转换、插入字符、文本方向等
选择	该菜单用于选中文件中的特定对象，如全选、反选、选中下一个对象、选中具有相同特征的对象等
效果	该菜单包括各种滤镜效果，包括Illustrator效果和Photoshop效果
视图	该菜单包括显示状态的设置命令，如放大、缩小、隐藏画板、显示网格等
窗口	该菜单包括各种面板，软件界面中没有显示的面板，可以通过该菜单激活
帮助	通过该菜单可以获得一些帮助信息

② **工具栏**

工具栏包括各种工具。工具栏默认位置为软件工作界面的左侧，将鼠标指针放在工具栏顶部，按住鼠标左键并拖动，可以将工具栏移至任意位置。

用鼠标单击工具图标即可选择一种工具。许多工具图标是一类工具的集合，将鼠标指针置于工具图标上并长按鼠标左键或鼠标右键单击工具图标即可调出这类工具的所有选项，如图1.7所示。单击工具栏左上方的■■图标可将一栏工具栏

变为双栏，单击■■图标即可将双栏工具栏变为一栏。将鼠标指针悬停于工具图标上，可以查看工具快捷键。

可以将一组工具的图标设置为浮动窗口，以便更快捷地选中工具组中的工具，如图1.8所示。

③ **工具属性栏**

工具属性栏主要用于设置工具参数。工具不同，属性栏不同，例如，文字工具**T**的属性栏可以设置文字的字体、字号、颜色等，如图1.9所示。

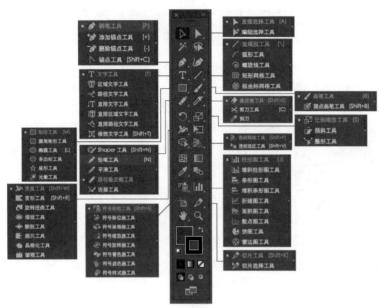

图 1.7　工具栏

图 1.8　浮动工具组

图 1.9　工具属性栏

④ 面板

面板一般显示在 Illustrator 工作界面的右侧，如图 1.10 所示。除了默认显示的面板外，通过菜单栏中的窗口菜单，可以将隐藏的面板激活。若想将不常用的面板隐藏，在面板的标题上长按鼠标左键并拖曳，使面板成为浮动窗口，鼠标单击窗口右上方的 ✕ 即可。

若在操作过程中发现工具栏或某个面板不见了，可以执行"窗口→工作区→重置基本功能"命令还原初始的工作区状态。根据个人需要，也可删除不常用的面板，显示常用面板，然后执行"窗口→工作区→新建工作区"命令，即可保存此工作区。关闭软件再次启动，显示自定义的工作区。

图 1.10　面板

⑤ 文档窗口

文档窗口是显示和编辑图像的区域，由标题栏、工作区、滚动条组成。打开一个文件，工作界面中自动创建一个文档窗口，若打开多个文件，则会有多个文档窗口，如图 1.11 所示。单击标题栏可以切换文档窗口。

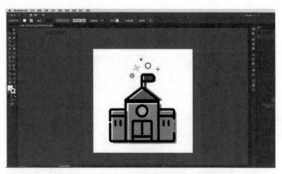

图 1.11　当前文档窗口

拖曳文档窗口标题栏可以将其变成浮动窗口；拖动浮动窗口的一角，可以调整其大小，如图 1.12 所示。若需要恢复文档窗口的初始状态，只需将该浮动窗口拖动到文档窗口区域的上部边

图 1.12 文档浮动窗口

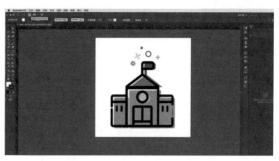

图 1.13 标尺

缘，当出现蓝色的边框线时，松开鼠标即可。

Illustrator的工作界面除了以上5大部分外，还有标尺功能。默认状态下，标尺被隐藏起来；若需要显示标尺，按快捷键【Ctrl+R】即可，如图 1.13 所示。使用标尺可以拖出参考线，便于元素精确定位。鼠标指针放在标尺上，按

住左键拖动即可创建参考线。参考线是虚拟的线条，不影响图像内容。按快捷键【Ctrl+；】可以隐藏参考线，再按一次恢复显示。选中移动工具 ⊕ ，将鼠标指针放在参考线上，按住鼠标左键将参考线拖到文档窗口以外，即可删除参考线。

1.3 Illustrator 支持的文件格式

Illustrator支持多种图像文件格式，包括AI、EPS、PDF、PSD、JPEG、TIFF、SVG、GIF等，其中AI、EPS、PDF、SVG是Illustrator的本机格式，可保留所有的Illustrator数据。本节将详细讲解这些格式的特点。

① AI格式

AI格式是Adobe Illustrator的矢量图文件格式。该格式是Illustrator的源文件格式，类似于PSD格式是Photoshop的源文件格式。将文件保存为AI格式后，再次打开可以对其中的元素进行编辑。

② EPS格式

EPS格式是一种跨平台的通用文件格式，多

数绘图软件和排版软件都支持该格式的图像。需要印刷的文件可以保存为EPS格式。

③ PDF格式

PDF格式的文件应用很广，如网络出版、电子版文档材料、印刷文件等。该格式可以包含矢量图和位图。Illustrator可以打开PDF格式的文件，在Illustrator中制作的文件也可以保存为PDF格式。

④ SVG格式

SVG格式是一种标准的矢量图文件格式，可以供用户制作具有高分辨率的Web图形页面。

1.4 首选项参数设置

在Illustrator的"首选项"对话框中可以进行多项自定义设置，如常规、选择和锚点显示、文字、单位、参考线和网格、切片等。本节将详细讲解首选项中较为常用的参数设置项目。

① 常规

执行"编辑→首选项→常规"命令（快捷键为【Ctrl+K】），在对话框中可以设置键盘增量、约束角度、圆角半径等，如图 1.14 所示。

键盘增量：通过设置该参数，可以调整使用方向键时，每按一次移动的距离。

约束角度：控制绘制图形的初始角度，使用默认值即可。

圆角半径：通过设置该参数，可以改变使用圆角矩形绘制图形的初始圆角度数。

常规选项卡上的多选选项可以控制软件中的多种效果，若无特殊需求，保持默认状态即可。值得注意的是，软件默认"缩放圆角"与"缩放描边和效果"为未勾选状态；若在实际工作中需要使图像的圆角、描边、效果与图像的缩放保持一致，则需要先勾选首选项的这两个选项，然后执行缩放操作。

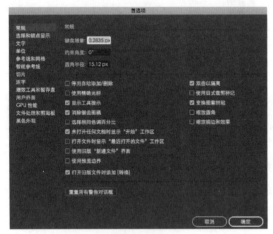

图1.14　常规

② 选择和锚点显示

执行"编辑→首选项→选择和锚点显示"命令，在对话框中可以设置选择和锚点显示的相关参数，如图1.15所示。

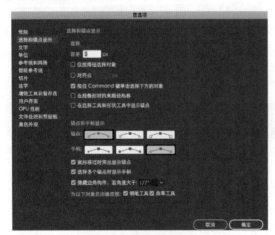

图1.15　选择和锚点显示

容差：用来设置选择锚点时的像素范围。容差越大，越容易选中锚点，但是当锚点较为密集时，容差越大越不容易精确地选择锚点。

仅按路径选择对象：勾选该选项后，只有选中图形的路径才能选中该图形（保持默认的未勾选状态即可）。

按住Command键单击选择下方的对象：勾选该选项后，当上层图像覆盖下层图像时，使用选择工具选中上层图像后，按住苹果标准键盘【Command】键的同时再次单击该图像，即可选中被覆盖的下层图像。

锚点和手柄显示：可以选择锚点和手柄的样式。

③ 文字

执行"编辑→首选项→文字"命令，可以设置文字的相关参数，如图1.16所示。

图1.16　文字

大小/行距：调整文字的行距。

字距调整：调整文字的字距。

基线偏移：调整文字基线的位置。

仅按路径选择文字对象：勾选该选项后，只有选中文字的路径才能选中文字对象（保持默认的未勾选状态即可）。

最近使用的字体数目：通过设置该项参数，可以在文字工具属性栏中记录使用过的字体。

④ 单位

执行"编辑→首选项→单位"命令，可以在对话框中设置单位，如图1.17所示。

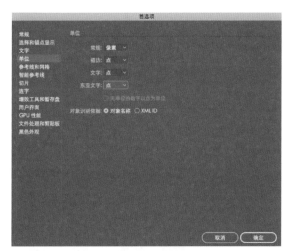

图1.17 单位

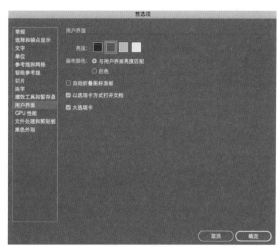

图1.19 用户界面

常规：用来设置标尺的度量单位，在下拉列表中设置标尺的单位为像素、点、毫米、厘米、英寸等。

描边：用来设置描边的单位。

文字：用来设置文字的单位。

⑤ **参考线和网络**

执行"编辑→首选项→参考线和网络"命令，可以对参考线和网格的颜色和样式进行设置，如图1.18所示。

画布颜色：选中"与用户界面亮度匹配"选项，画板的颜色将与工作界面的亮度自动匹配；选中"白色"，画板颜色为白色。

以选项卡方式打开文档：勾选该选项，文档窗口会以选项卡的形式显示（保持默认的勾选状态即可）。

⑦ **文件处理和剪贴板**

执行"编辑→首选项→文件处理和剪贴板"命令，可以设置相关的参数，如图1.20所示。

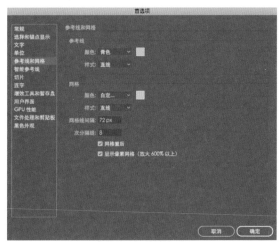

图1.18 参考线和网格

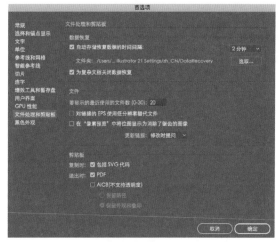

图1.20 文件处理和剪贴板

⑥ **用户界面**

执行"编辑→首选项→用户界面"命令，可以对界面的显示样式进行设置，如图1.19所示。

亮度：Illustrator中预设了四种亮度，单击某个亮度色块即可更改工具界面的亮度。

数据恢复：勾选"自动存储恢复数据的时间间隔"，可以在其后设置自动保存的时间间隔，并且可以设置自动保存的文件的地址。

要显示的最近使用的文件数（0-30）：设置显示最近使用文件的数量。

1.5 本章小结

本章主要介绍了 Illustrator 的基础知识，包括 Illustrator 的用途、工作界面、支持的文件格式、首选项设置。通过本章的学习，读者能够了解 Illustrator 软件的基本知识，熟练掌握本章内容，可为后面的深入学习奠定基础。

1.6 习题

1. 填空题

（1）Illustrator 的常见用途包括广告平面设计、_____、_____ 和 _____ 等。

（2）Illustrator 的工作界面分为菜单栏、_____、_____、_____ 和 _____。

（3）在 Illustrator 中，源文件格式是 _____。

（4）常用于保存网络出版、电子版文档材料、印刷文件的格式是 _____。

（5）执行 _____ 命令，可以在对话框中设置键盘增量。

2. 选择题

（1）在 Illustrator 中，按（　　　）可以调出"常规"选项卡。

    A. Ctrl+T   B. Ctrl+S   C. Ctrl+Y   D. Ctrl+K

（2）在 Illustrator 中，文档窗口由（　　　）组成。（多选）

    A. 标题栏   B. 工作区   C. 滚动条   D. 工具栏

（3）Illustrator 支持多种文件格式，包括（　　　）。（多选）

    A. AI   B. EPS   C. PDF   D. SVG

（4）在首选项的（　　　）选项卡中，可以设置软件的界面颜色。

    A. 用户界面   B. 黑色外观   C. 常规   D. 单位

（5）在 Illustrator 中，在菜单栏的"文件"菜单下可以进行（　　　）操作。（多选）

    A. 新建   B. 存储   C. 关闭   D. 置入

3. 思考题

（1）简述 Illustrator 的用途。

（2）简述 Illustrator 支持的文件格式的种类。

4. 操作题

在"首选项"对话框中将键盘增量设置为 0.1px。

第 2 章

Illustrator 的基础操作

第 1 章介绍了 Illustrator 的常见用途、界面分区、首选项设置，本章将详细介绍 Illustrator 的基础操作，包括新建文件、打开 / 关闭文件、存储文件、置入 / 导出文件等内容。除此以外，本章还将对 Illustrator 的显示状态和界面辅助工具进行讲解。

本章学习目标

- 掌握 Illustrator 的基础操作方法
- 掌握 Illustrator 中界面辅助工具的使用方法
- 了解显示状态的设置方法

2.1 新建文件

在日常工作中，如果要使用Word软件编写一则放假通知，首先需要打开Word软件并新建一个空白文档。同样，使用Illustrator设计一幅作品时，需要先打开Illustrator并新建文件。本节将详细讲解新建文件的操作方法。

① 通过命令新建文件

双击Illustrator的桌面图标打开软件，左侧出现"新建"和"打开"两个按钮，单击"新建"按钮即可进入"新建文档"对话框，如图2.1所示。

图2.1 "新建文档"对话框

"新建文档"对话框的顶部存在7个选项，包括最近使用项、已保存、移动设备、Web、打印、胶片和视频、图稿和插图，用户可以根据设计类型选择合适的选项，从而使新建文件更符合需求。

在实际工作中，不同的项目对产品的尺寸各有要求，"新建文档"对话框预设的尺寸无法满足全部需求，因此有时需要在"新建文档"对话框的右侧自行设置文件尺寸及相关格式，具体方法如表2.1所示。

新建文件的参数设置完毕后，单击对话框中的"创建"按钮即可。当Illustrator中已有打开的文件时，若需要再次新建文件，可以执行"文件→新建"命令（快捷键为【Ctrl+N】），再在"新建文档"对话框中设置相关参数即可。

表2.1 　　　　　　　　　　　　　　　　　**新建文件参数设置**

参数	用途
文件名称	设置文件的名称
宽度/高度	在输入框中输入文件的宽度和高度数值，设置文件尺寸。在宽度输入框后可以设置数值的单位，如像素、毫米、厘米、英寸等
方向	单击横向或纵向按钮，即可设置文件的方向
画板	默认画板数为1，可以通过调整该数值，创建多个画板，单击"更多设置"按钮，可以在弹出的对话框中设置画板的排列方式。值得注意的是，新建的多个画板属于一个文件
出血	出血指印刷时为保留画面有效内容预留出方便裁切的部分，以避免裁切后的成品露白边或裁到内容。出血的标准尺寸为上、下、左、右各3毫米
颜色模式	将文件的颜色模式设置为RGB模式或CMYK模式
更多设置	单击"更多设置"按钮，进入"更多设置"对话框。在该对话框中可以设置画板的排列方向、列数、间距，也可以设置文件的栅格效果

② 从模板新建文件

使用Word新建文件时，可以选中"根据模板新建"选项。同样，使用Illustrator新建文件时，也可以根据模板新建文件。

启动Illustrator后，单击"新建"按钮，在"新建文档"对话框中单击"更多设置"按钮，然后在"更多设置"对话框中单击左下方的"模板"按钮，即可在弹出的对话框中选择需要的模板，如图2.2所示。

图 2.2　从模板新建文件

2.2 打开 / 关闭文件

在Illustrator中，打开和关闭文件是最常用的操作之一。打开文件后才能对图像进行编辑，图像编辑完成并保存后需要关闭文件。本节将讲解打开和关闭文件的操作方法。

2.2.1 | 打开文件

打开文件的方法有多种，包括通过命令打开文件、拖曳法打开文件、打开最近打开的文件，用户可以根据需要选择合适的打开方式。

① 通过命令打开文件

双击Illustrator的桌面图标打开软件后，左侧出现"打开"按钮，如图2.3所示。单击该按钮，在弹出的对话框中选中要打开的文件，再单击"打开"按钮即可。

当Illustrator中已有打开的文件时，若需要打开另一个文件，可以执行"文件→打开"命令（快捷键为【Ctrl+O】），如图2.4所示。然后选择需要打开的文件即可。

图 2.4　执行"文件→打开"命令

② 拖曳法打开文件

当磁盘中的文件较多时，使用拖曳法可以方便快捷地打开文件。

首先打开Illustrator软件，然后在桌面或磁盘中选中需要打开的文件，按住鼠标左键将该文件拖曳到桌面底部运行的AI图标上，依然按住鼠标左键，直到激活软件工作界面，将文件拖曳到其空白处松开鼠标即可。

③ 打开最近打开的文件

第1章讲解了首选项的参数设置，其中在文件处理和剪贴板中可以设置要显示的最近使用的文件数。执行"文件→最近打开的文件"命令，可以在二级菜单中选择需要打开的文件，如图2.5所示。

图 2.3　打开文件

图 2.5　打开最近打开的文件

2.2.2　关闭文件

文件编辑完成并保存后，需要将文件关闭。

执行"文件→关闭"命令（快捷键为【Ctrl+W】）即可关闭文件。除此以外，还可以将需要关闭的文件切换为当前文件，然后单击文档窗口标题栏的 ✖ 即可。

值得注意的是，文件编辑完成后，若在文件未保存时执行关闭命令，软件会进行提示，如图2.6所示。单击"存储"按钮，即可将文件保存并关闭；单击"不存储"按钮，文件不会保留所做的更改；单击"取消"按钮，即可取消关闭命令。

图 2.6　存储提示

2.3　存储文件

文件编辑完成后，需要对文件进行存储，以保留对文件的更改。Illustrator中有多种保存文件的方式，包括"存储""存储为""存储副本""存储为模板"等。本节将详细讲解这些存储方式的用法和特点。

① 存储

在图像编辑的过程中，需要经常进行存储操作，以免软件崩溃或断电等意外情况使编辑的内容丢失；图像编辑完成后，也需要进行存储。存储的方法为执行"文件→存储"命令，或按快捷键【Ctrl+S】。若文件已经执行过"存储为"命令，执行"存储"命令会使修改后的文件覆盖原文件；若文件未存储过，执行"存储"命令将会打开"存储为"对话框。

② 存储为

在日常工作中，常常需要对设计作品进行多次修改，为了保存作品的迭代版本，需要执行"存储为"命令，将修改过的图像存储为另一个文件。执行"文件→存储为"命令（快捷键为【Shift+Ctrl+S】），打开"存储为"对话框，如图2.7所示。

图 2.7　存储为

存储为：用来设置文件的名称。

位置：用来设置文件的存储位置。

格式：单击右侧的箭头，可以选择文件的存储类型，如AI、EPS、AIT、PDF、SVGZ、SVG等格式。当选中EPS、SVGZ、SVG格式时，可以勾选"使用画板"。勾选"使用画板"并单击"存储"按钮后，可以得到每个画板的独立文件及一个包含所有画板的文件。

③ 存储副本

使用"存储副本"命令，可保存一份与当前文件相同的副本，下次存储文件时，文件副本不受任何影响。其方法为执行"文件→存储副本"命令，或按快捷键【Ctrl+Alt+S】，打开"存储副本"对话框设置即可，如图2.8所示。

图2.8 存储副本

④ **存储为模板**

使用"存储为模板"命令可将文件保存为模板，下次需要新建与该文件相同的文件时，直接执行"文件→从模板新建"命令即可。其方法为执行"文件→存储为模板"命令，在对话框中设置模板名称和位置后，单击"存储"按钮即可，如图2.9所示。

图2.9 存储为模板

 随学随练

在Illustrator中，新建、打开、存储、关闭文件是设计作品时的基础操作，本案例的目的就是练习这些基础操作。

【步骤1】双击桌面图标打开Illustrator软件，单击左侧的"新建"按钮，在"新建文档"对话框中设置画板的尺寸，在此选择"打印"选项卡，然后选中A4尺寸，将出血设置为3毫米，颜色模

式设置为CMYK，如图2.10所示。

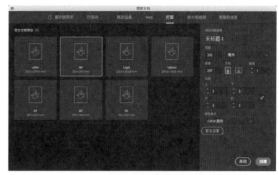

图2.10 新建画板

【步骤2】设置好画板尺寸和参数后，单击"创建"按钮，即可进入Illustrator的工作界面，如图2.11所示。

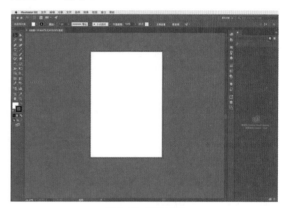

图2.11 创建画板

【步骤3】按快捷键【Shift+Ctrl+S】，对该文件进行存储。在"存储为"对话框中设置文件名称为"新建文档"，存储位置设置为桌面，文件格式设置为AI，然后单击"存储"按钮即可，如图2.12所示。

图2.12 存储为

【步骤4】文件存储完成后将文件关闭，按快捷键【Ctrl+W】或单击文档窗口标题栏的 ✖ 即可。

2.4 置入 / 导出文件

在日常工作中，由于项目时间的限制，常常需要使用素材去完善设计作品，通过"置入"命令可以将下载的或已设计好的图像添加到当前文件中。另外，设计完成后，可以将图像导出为多种格式的文件，如PNG、JPEG、PSD、TIFF等，以便随时查看和使用。

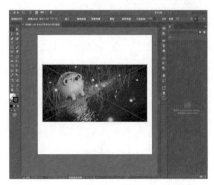

图 2.13 置入

2.4.1 置入文件

执行"文件→置入"命令，可以将多种类型的文件置入Illustrator，包括位图和矢量图，如图2.13所示。将外部文件置入当前文件后，可以对置入的文件进行移动、缩放、旋转、变形等操作。

将外部文件置入当前文件后，工具属性栏会出现设置选项，如图2.14所示。

图 2.14 置入工具属性栏

① 链接的文件

单击"链接的文件"，可以查看链接图像的基本信息，如图2.15所示。

图 2.15 链接的文件

显示链接信息 ▶：单击该按钮，可以查看链接图像的基本信息，如名称、格式、色彩模式、分辨率、尺寸等。

从CC库重新链接 🔗：单击该按钮，可以在库面板中重新链接。

重新链接 🔗：单击该按钮，可以更改链接的文件。

转到链接 🔁：在链接的文件中选择一个文件，然后单击该按钮，可以快速在画面中定位该元素。

更新链接 🔄：当链接的图像发生更改时，单击该按钮，可以完成更新。

编辑原稿 ✏：单击该按钮，可以将置入的文件在图像编辑器中打开，进行编辑。

单击对话框右上方的 ☰ 按钮，可以在列表中选择需要的选项。除了可以对链接图像进行修改外，还可以通过执行"嵌入图像"命令，将置入的文件嵌入当前文件。另外，还可以调整所有置入文件的排列顺序和显示、隐藏。

② 文件名称

在工具属性栏中单击置入文件的名称，可以对置入的文件进行更新或更改操作，如从CC库重新链接、重新链接、转到链接、更新链接等。文件名称后显示的是置入文件的颜色模式和分辨率。

③ 嵌入

执行"置入"命令后，工具属性栏中即会出现"嵌入"按钮。下面详细介绍置入链接的图像与置入嵌入的图像的区别。

置入链接的图像：当置入的文件未嵌入当前文件时，可以对置入部分进行更新和更换操作，如置入的文件发生更改，当前文件中的置入部分会随着发生变化，因此不用重新置入；然而，置入的文件地址更改，链接地址必须随之更改，否则，置入部分会丢失链接，从而使图像的质量下降。

置入嵌入的图像：单击"嵌入"按钮后，置入的文件即包含于当前文件中，置入部分与当前文件融合为一个整体，因而不会丢失链接；然而，图像嵌入后，若置入的文件发生更改，当前文件中的置入部分不会随着发生变化。嵌入的图像可以取消嵌入，只需单击工具属性栏中的"取消嵌入"按钮即可。

④ 编辑原稿

选中一个置入的文件，单击工具属性栏中的"编辑原稿"按钮，可以打开图像编辑器。若置入的文件为PSD格式，单击该按钮后会进入Photoshop软件并将该文件显示到当前窗口，在Photoshop中可以编辑图像；若置入的文件为AI格式，单击"编辑原稿"按钮，可以在Illustrator中打开该文件，并且可以编辑图像。

⑤ 图像描摹

置入文件后，可以将置入的文件转化为矢量图。单击工具属性栏中"图像描摹"后的 ✓ 按钮，可以在列表中选择图像描摹的方式，如图2.16所示。不同的图像描摹方式对应的效果存在差异，选择"高保真度照片"选项得到的矢量图与原图最为接近。

单击"图像描摹"按钮后，若要编辑描摹后的图像，需要对图像进行扩展，单击工具属性栏中的"扩展"按

图 2.16　图像描摹

钮即可，然后单击鼠标右键，在快捷菜单中选择"取消编组"，可以对矢量图像进行更改。

2.4.2 | 导出文件

在Illustrator中，通过"存储"和"存储为"命令可以将文件存储为矢量图，使用"导出"命令可以将文件存储为PNG、JPEG等便于浏览的格式。使用"导出"命令可以选择三种具体的方式，包括导出为多种屏幕所用格式、导出为、存储为Web所用格式。

① 导出为多种屏幕所用格式

移动端系统分为iOS和Android两类，使用Illustrator设计完移动端界面后，可以将文件导出为iOS和Android两种尺寸，如图2.17所示。

图 2.17　导出为多种屏幕所用格式

选择：选中"全部"选项，可以将所有画板导出；选中"范围"选项，可以指定需要导出的画板；选中"整篇文档"选项，可以将整个文档导出为一个文件。

导出至：单击右侧的 ■ 按钮，可以设置存储文件的位置。

导出后打开位置：勾选该选项后，导出操作完成后即可打开存储文件的文件夹。

格式：可以设置导出的文件格式，如图2.18所示。

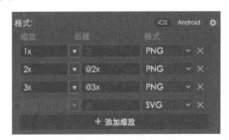

图 2.18　设置格式

图2.18 设置格式（续）

② 导出为

2.3节讲解了存储文件的相关知识，使用"存储为"命令可以将文件保存为AI、EPS、PDF、AIT、SVG等矢量格式。若要将文件保存为位图格式，可以使用"导出为"命令，如图2.19所示。执行"文件→导出→导出为"命令后，可以在对话框中进行相关设置。

图2.19 导出为

存储为：用来设置导出文件的名称。

位置：用来设置导出文件的保存位置。

格式：用来选择导出文件的格式，如JPEG、PNG、PSD、TIFF、TXT等，如图2.20所示。

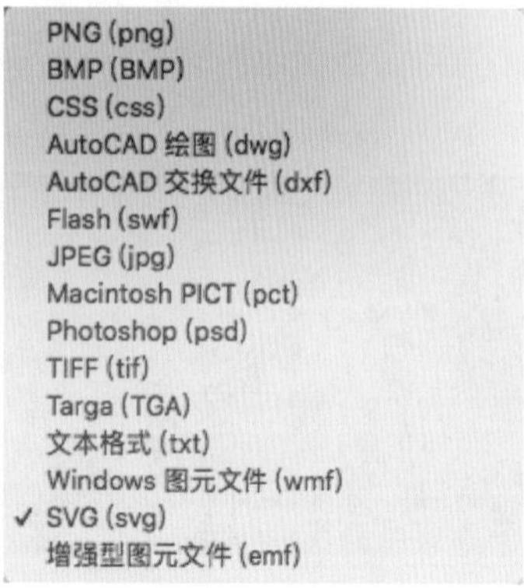

图2.20 选择格式

使用画板：若不勾选"使用画板"选项，画板上的图像与画板外的图像会被保存在一个文件中；若勾选"使用画板"选项，则可以保存全部画板或指定的画板，画板外的图像不会被保存，如图2.21所示。

（a）未勾选

（b）勾选

图2.21 使用画板

设置完毕后，单击"导出"按钮，弹出导出选项对话框。导出的格式不同，对话框的参数设置项目也不同，如图2.22所示。

③ 存储为Web所用格式

当使用Illustrator设计网页界面时，需要对网页界面进行切片。创建切片后对图像进行优化可以使文件变小，从而使网页加载更快。类似于Photoshop中的存储为Web所用格式，在Illustrator中也可以将图像存储为Web所用格式，如图2.23所示。将此格式的图像作为网页中的图片，可以提升网页加载的速度。

显示方式：可以选择"原稿""优化""双联"3种显示方式，默认选中"优化"。

抓手工具 ：当预览窗口显示不全图像时，选中该工具，可以移动查看图像。

切片选择工具 ：当图像被切片工具切割成多个切片时，可以使用切片选择工具选择需要导出的切片。

缩放工具 ：用来放大和缩小图像的显示尺寸，按住【Alt】键的同时单击鼠标左键即可缩小图像的显示尺寸。

切换切片可见性 ：选中该按钮，预览窗口才能显示切片。

预设：用来设置图像的格式。

图像大小：用来设置图像的尺寸。

（a）JPEG选项　　　　（b）PNG选项

（c）Photoshop导出选项

图2.22　导出选项

图2.23　存储为Web所用格式

2.4.3 | 打包

在Illustrator中，若置入的图片未嵌入，当图片移动到其他盘符下或被删除时，软件会提示置入的图片丢失。另外，如果在工作中需要将作品的源文件发送给其他人使用，当接收方的软件中没有文件中使用的字体时，软件会出现替换字体的提醒。以上两种情况的解决方法有许多，其中之一就是将这些资源打包。

具体步骤如下。

（1）图像设计完成后，首先对文件进行存储，然后执行"文件→打包"命令，在弹出的"打包"对话框中可以设置存储位置和文件夹名称，如图2.24所示。单击"位置"输入框后面的 按钮，可以选择存储打包文件的位置。在"文件夹名称"输入框中可以输入打包文件的名称。

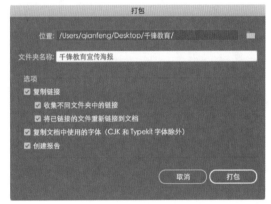

图2.24　"打包"对话框

（2）在"打包"对话框中的"选项"下勾选需要打包的文件，默认为全部勾选，然后单击"打包"按钮。

（3）单击"打包"按钮后，软件会弹出字体权限的提示对话框，如图2.25（a）所示，单击"确定"按钮，软件进行打包操作。打包完成后，软件会再次弹出提示对话框，如图2.25（b）所示。

（a）提示对话框（1）

图2.25　提示对话框

（b）提示对话框（2）

图2.25 提示对话框（续）

（4）若需要查看打包文件，单击"显示文件包"按钮，如图2.26所示；若不需查看，单击"确定"按钮即可。

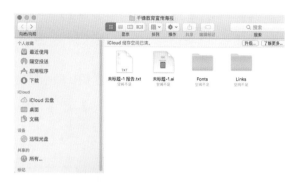

图2.26 显示文件包

2.5 显示文档

在使用Illustrator设计图像时，为了更精确地绘制图像或查看整体效果，经常需要放大或缩小图像显示尺寸。当图像放大到不能完全显示时，就需要移动画板的位置来查看未显示出来的区域。本节将详细讲解显示文档的操作方法。

大缩小图像不会改变画板的实际尺寸，只是改变图像在屏幕上显示的尺寸。

2.5.1 缩放工具

在Illustrator中设计图像时，常常需要放大或缩小图像显示尺寸。在工具栏中选中缩放工具 （快捷键为【Z】），此时鼠标指针变为中间为加号的放大镜形状，单击鼠标左键或按住鼠标左键向外拖动即可放大图像显示尺寸；若需要多次放大，可以多次单击鼠标左键，如图2.27所示。

若需要预览图像的整体效果，可以使用缩放工具缩小图像的显示尺寸。先选中缩放工具，按住【Alt】键的同时单击鼠标左键或按住鼠标左键向内拖动，即可缩小图像显示尺寸；如需要多次缩小，可以在按住【Alt】键的同时多次单击鼠标左键，如图2.28所示。

除了可以使用缩放工具缩放图像的显示尺寸外，还可以使用快捷键达到缩放显示尺寸的目的。按快捷键【Ctrl++】或按住【Alt】键的同时向下拨动鼠标滚轮即可放大图像的显示尺寸，按快捷键【Ctrl+-】或按住【Alt】键的同时向上拨动鼠标滚轮即可缩小图像的显示尺寸。

值得注意的是，使用缩放工具或快捷方式放

（a）原图

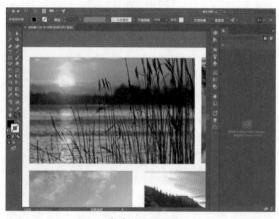

（b）放大显示后

图2.27 放大显示

（a）原图

（a）原图

（b）缩小显示后

图2.28　缩小显示

（b）移动后

图2.29　抓手工具

2.5.2 | 抓手工具

在Illustrator中，放大图像显示尺寸后，有可能会使部分图像无法显示在文档窗口中，如果需要对未显示的图像进行操作，可以拖动文档窗口右侧和下方的滚动条使未显示的图像显示出来。但是这种方式往往需要调整两个方向的滚动条，未免烦琐，使用抓手工具可以轻松定位到需要显示的图像。选中抓手工具 ✋（快捷键为【H】），然后按住鼠标左键拖动即可移动图像的显示区域，如图2.29所示。

值得注意的是，按住空格键可以快速切换到抓手工具状态，此时按住鼠标左键并移动即可移动图像的显示区域，松开空格键会自动切换到此前使用的工具。

2.5.3 | 导航器

使用缩放工具和抓手工具可以便捷地控制图像的显示尺寸和显示区域，除此以外，还可以通过导航器命令调整图像的显示区域和显示尺寸。

执行"窗口→导航器"命令，在导航器面板中可以看到整个图像，红框内的区域是在文档窗口中显示的图像范围，如图2.30（a）所示。将鼠标指针移动至面板中，鼠标指针变为抓手样式，按住鼠标左键拖动即可改变文档窗口的显示范围，如图2.30（b）所示。

使用导航器命令还可以调整图像的缩放比例，单击导航器面板底部左侧的 🔺 按钮可以缩小显示尺寸，单击右侧的 🔺 按钮可以放大显示尺寸，也可以在输入框 100% ∨ 中输入具体的数值。

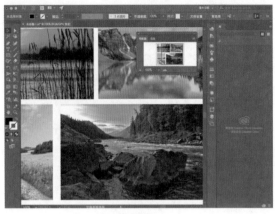

（a）原显示范围

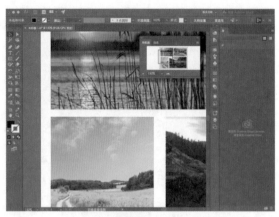

（b）改变显示范围

图 2.30　导航器

2.6　文档和画板设置

文档和画板是制作一幅作品的基础。使用Illustrator创建文件后，可以随时查看文档信息和修改文档的属性；使用画板工具可以新建、选中、移动、删除、复制画板等。本节将详细讲解文档和画板的基本操作。

2.6.1　查看文档信息

使用Illustrator新建文件时，在"新建"对话框中可以设置文档的名称、颜色模式、画板尺寸等。执行"窗口→文档信息"命令可以查看文档的基本信息，如图2.31所示。

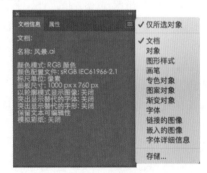

图 2.31　文档信息

在文档信息面板中可以查看文档的名称、颜色模式、标尺单位、画板尺寸等，单击面板右上方的■可以选择需要查看的具体对象。值得注意

的是，若要查看文档中使用的图形样式、画笔、图案对象、渐变对象、字体等信息，需要首先全部选中图像中的元素，否则文档信息面板中会显示"无"，选中图像中的元素后，文档信息面板中会列出对应的信息，如图2.32所示。

（a）未选中元素

（b）选中元素

图 2.32　查看字体信息

2.6.2 修改文档参数

新建文件后，若需要更改文档参数，可以执行"文件→文档设置"命令。在"文档设置"对话框中可以设置单位、出血，也可以单击"编辑画板"按钮，进入画板编辑状态，如图2.33所示。若需要修改文档的颜色模式，可以执行"文件→文档颜色模式"命令，在二级菜单中选中"RGB颜色"或"CMYK颜色"。

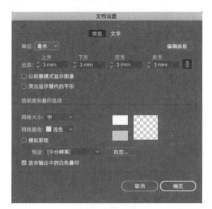

图 2.33　文档设置

2.6.3 画板设置

在现实生活中，若需要绘制一幅图画，需要先准备一张白纸，然后使用画笔在白纸上作画，白纸是图像的载体。使用Illustrator软件制作图像时，需要先创建一个画板，画板相当于白纸，是图像的载体。虽然在Illustrator中，图像可以绘制在画板外，但是通常情况下，一个设计作品的所有元素都包含于画板中。

① 创建画板

在"新建文档"对话框中，可以设置画板尺寸、画板数量、画板的排列方式等，若需要在当前文件中再次创建画板，则可以使用画板工具来实现。

选中画板工具 ，按住鼠标左键在文档窗口中拖动，即可绘制画板，如图2.34所示。

除了选中画板工具拖动鼠标可以绘制画板外，双击画板工具也可以创建画板。选中画板工具，双击该工具图标，在弹出的"画板选项"对话框中可以设置画板的名称、尺寸、方向等参数，如图2.35所示。设置好参数后，单击"确定"按钮

即可创建画板。

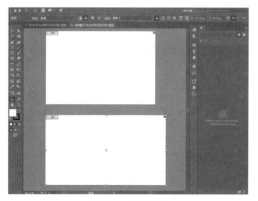

图 2.34　创建画板

图 2.35　画板选项

② 复制画板

选中画板工具，再单击选中需要复制的画板，如果需要将画板上的图像一并复制，则需要在工具属性栏中选中 按钮，然后在按住【Alt】键的同时，按住鼠标左键拖动，即可将画板和画板上的图像一并复制，如图2.36所示。

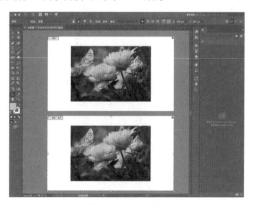

图 2.36　复制画板

③ 编辑画板

画板创建完成后，使用画板工具可以对画板进行编辑。选中画板工具，选择一个画板，在工具属性栏中可以设置画板的相关参数，如图2.37所示。

图 2.37　画板工具属性栏

预设：单击该输入框，可以在列表中选择具体的预设尺寸。

纵向■/横向■：单击纵向或横向按钮，可以更改画板的方向。

新建画板■：使用该功能可以新建与当前选中画板等大的画板。

删除画板■：单击该按钮，可以删除选中的画板。

名称：可以在该输入框中设置画板的名称。

移动/复制带有画板的图稿■：选中该按钮，在复制画板时，画板上的图像会跟着画板一并被复制。

显示中心■/显示十字线■/显示视频安全区域■：单击相应的按钮即可显示辅助线。

画板选项■：单击该按钮，可以在弹出的"画板选项"对话框中设置相关参数。

宽度/高度：用来精确地设置画板的尺寸，若不需要精确设置画板的尺寸，可以将鼠标指针置于选中画板的边缘，按住鼠标左键向内或向外拖曳。

④ 画板面板

前面讲解了画板工具的具体使用，接下来讲解画板面板的功能。执行"窗口→画板"命令，可以调出画板面板，如图2.38所示。画板面板中列出了文件中的所有画板，在该面板中可以执行画板重命名、新建、复制、删除等操作。

重命名画板：双击需要重命名的画板名称，输入新名称即可，如图2.39所示。

图 2.38　画板面板

图 2.39　重命名画板

新建画板：单击面板中的■按钮，即可新建一个画板。

删除画板：在画板面板中选中需要删除的画板，然后单击面板中的■按钮，即可删除选中的画板。

查看上一画板按钮■/查看下一画板按钮■：当文件中存在多个画板时，按钮呈可用状态，单击其中一个按钮即可更改画板的排列顺序。

单击画板面板右上方的■按钮，可以在弹出的列表中选择某一选项，如新建画板、删除画板、复制画板、删除空画板、转换为画板等。

随学随练

在Illustrator中，文件创建完成后，可以对相关信息进行修改。本案例通过修改画板的相关参数，避免对文件的重复操作。

【步骤1】打开素材图2-1.ai，画板的宽度和高度分别为2960px、2000px，如图2.40所示。

图 2.40　打开素材

【步骤2】选中画板工具 ▢ ，单击画板，画板外围出现虚线框。在工具属性栏中将画板的宽度设置为1960px，如图2.41所示。

图2.41 修改画板尺寸

【步骤3】执行"窗口→画板"命令，单击画板面板右上方的 ▤ 按钮，在列表中选中"复制画板"选项，对文件中的画板进行复制，如图2.42所示。

（a）操作

图2.42 复制画板

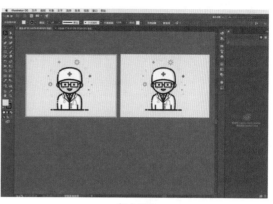

（b）效果

图2.42 复制画板（续）

【步骤4】在画板面板中，单击右下方的 ▤ 按钮，在当前文档窗口中新建空白画板，如图2.43所示。

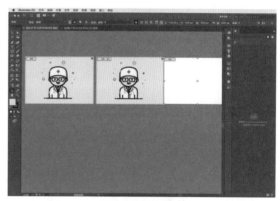

图2.43 新建画板

2.7 界面辅助工具

在Illustrator中，可以借助辅助工具，如标尺、参考线、智能参考线、网格等，使图像排列更方便、位置定位更准确。本节将详细讲解这些辅助工具的使用方法。

2.7.1 标尺

标尺位于文档窗口的顶部和左侧，若文档窗口隐藏了标尺，执行"视图→标尺"命令（快捷键为【Ctrl+R】）可以调出标尺，如图2.44所示。

标尺上有刻度，刻度的单位有多种，将鼠标指针置于标尺上，然后单击鼠标右键，可以在弹出的快捷菜单中选择标尺的单位，如图2.45所示。

常用的标尺单位有像素、毫米、厘米、英寸。

图2.44 标尺

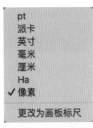

图 2.45　标尺单位

2.7.2　参考线

在Illustrator中调出标尺后，即可创建参考线。参考线在变换前是水平或垂直的直线，借助参考线可以方便地使文件中的图像对齐，通过创建参考线也可以划分画板的区域，从而更准确地布局。

①　创建参考线

创建参考线的前提是打开标尺，若标尺处于隐藏状态，需要按快捷键【Ctrl+R】调出标尺。将鼠标指针置于文档窗口顶部的标尺上，按住鼠标左键并向下拖曳即可创建水平方向的参考线，如图2.46（a）所示。将鼠标指针置于文档窗口左侧的标尺上，按住鼠标左键并向右拖曳即可创建垂直方向的参考线，如图2.46（b）所示。

（a）水平参考线

（b）垂直参考线

图 2.46　创建参考线

②　移动和删除参考线

参考线创建后，可以对参考线进行移动。首先在工具栏中选中选择工具，然后将鼠标指针置于参考线上，按住鼠标左键移动即可移动参考线。值得注意的是，当移动参考线不成功时，可能是参考线被锁定了，此时需要将鼠标指针置于参考线上，然后单击鼠标右键，在弹出的快捷菜单中选中"解锁参考线"选项，再次执行移动参考线的操作，即可成功移动。

当参考线过多时，就需要删除部分参考线。选中需要删除的参考线（被选中时，参考线的颜色变为蓝色），如图2.47所示，按【Delete】键即可将其删除。

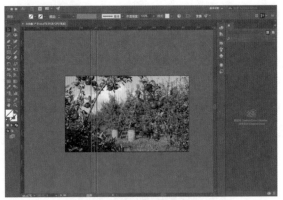

图 2.47　选中参考线

③　锁定/解锁参考线

由于移动工具可以直接选中参考线，因此为了避免误操作，可以将参考线锁定。执行"视图→参考线→锁定参考线"命令，即可将参考线锁定，快捷键为【Ctrl+Alt+;】。若需要将参考线解锁，可以执行"视图→参考线→解锁参考线"命令，快捷键也为【Ctrl+Alt+;】。

④　隐藏/显示参考线

当参考线繁多时，容易影响观看，通过执行"视图→参考线→隐藏参考线"命令可以使参考线隐藏，快捷键为【Ctrl+;】。若需要显示隐藏的参考线，可以执行"视图→参考线→显示参考线"命令，也可以再次按快捷键【Ctrl+;】。

⑤　变换参考线

初始创建的参考线默认是水平或垂直的，通过变换可以改变参考线的方向。使用选择工具选中需要变换的参考线，单击鼠标右键，在弹出的快捷菜单中选择"变换",然后再在二级菜单中选中需要的变换方式,如图2.48所示。

选中某一种具体的变换方式后,可以在弹出的对话框中设置具体的参数,例如,选中"旋转"选项,在弹出的"旋转"对

图 2.48　变换参考线

话框中,可以设置旋转的角度,如图2.49所示。如果只需将选中的参考线旋转一定角度,那么设置好参数后单击"确定"按钮即可;如果需要保留原始角度的参考线,可以单击"旋转"对话框中的"复制"按钮。

图 2.49　设置变换的参数

2.7.3 | 智能参考线

智能参考线可以提示用户对齐特定对象,执行"视图→智能参考线"命令(快捷键为【Ctrl+U】),可以打开或关闭智能参考线。在打开智能参考线的前提下,移动一个图像,当该图像与另一图像对齐时,画面中会出现红色的智能参考线,如图2.50所示。

图 2.50　智能参考线

2.7.4 | 网格

网格可以用来查看图像的透视关系。打开一个图像,然后单击菜单栏中的"视图",在菜单中选择一项网格命令即可,如透视网格、显示网格、对齐网格等,在透视网格的二级菜单中,可以选择具体的透视网格命令,如图2.51所示。

图 2.51　网格命令

①　显示网格

执行"视图→显示网格"命令,或按快捷键【Ctrl+"】,可以使文档窗口中显示网格,利用网格可以执行对齐等操作。如果需要使图形与网格对齐,可以执行"视图→对齐网格"命令,然后使用选择工具移动图形,Illustrator会自动识别网格的位置,并使图形与附近的网格线对齐,如图2.52所示。

图 2.52　显示网格

若需要隐藏网格,可以执行"视图→隐藏网格"命令,或按快捷键【Ctrl+"】。

②　透视网格

执行"视图→透视网格"命令,可以在透视网格的二级菜单中选择一项命令,如"显示网格""隐藏标尺""对齐网格""锁定网格""锁定站点""定义网格""一点透视""两点透视""三点透视"。

选中"显示网格"命令，可以使透视网格显示在画板中，默认的透视类型为两点透视，如图2.53所示。除了可以执行"视图→透视网格→显示网格"命令激活透视网格外，也可以在工具栏中选中透视网格工具██创建透视网格，快捷键为【Shift+P】。

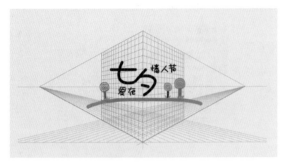

图 2.53　透视网格

透视网格创建完成后，可以通过拖动网格上的控制点改变网格的样式。若需要关闭透视网格，可以执行"视图→透视网格→隐藏网格"命令，也可以单击文档窗口左上方的██按钮。

在透视网格的二级菜单中，单击"显示标尺"或"隐藏标尺"命令，可以使透视网格上的标尺显示或隐藏，如图2.54所示。

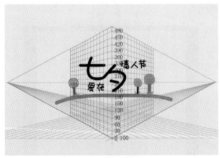

（a）显示标尺

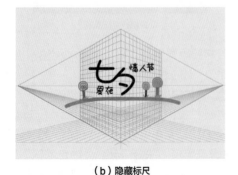

（b）隐藏标尺

图 2.54　显示 / 隐藏标尺

单击透视网格的二级菜单中的"锁定网格"命令，可以使透视网格锁定，锁定网格后，不能再对透视网格进行编辑。若要解除锁定，可以执行"视图→透视网格→解锁网格"命令。

在透视网格的二级菜单中，还可以选择透视类型，如"一点透视""两点透视""三点透视"，如图2.55所示。

（a）一点透视　　　　（b）两点透视

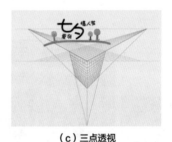

（c）三点透视

图 2.55　透视类型

③　**透视选区工具**

使用透视网格工具创建透视网格后，可以使用透视选区工具对图形进行透视变换操作。首先打开一个文件，然后在工具栏中单击透视网格工具；创建透视网格后，将鼠标指针置于透视网格工具图标上，按住鼠标左键不放，在工具列表中选中透视选区工具（快捷键为【Shift+V】），然后选中画板中的图像，按住鼠标左键并拖曳，即可使图像产生透视变形效果，如图2.56所示。

（a）原图

（b）添加透视效果

图 2.56　透视选区工具

2.8 本章小结

本章主要讲解 Illustrator 的基础操作，包括新建文件、打开/关闭文件、存储文件、置入/导出文件、文档操作、画板设置以及辅助工具。通过本章的学习，读者应熟练 Illustrator 软件的基本操作方法，为后面的学习打下基础。

2.9 习题

1. 填空题

（1）当 Illustrator 已经打开了一个文件，新建一个空白文件的快捷键是_____。

（2）在 Illustrator 中，打开文件的快捷键是_____，关闭当前文件的快捷键是_____。

（3）在 Illustrator 中，"存储"的快捷键是_____，"存储为"的快捷键是_____。

（4）执行_____命令可以将本地文件置入当前画板，执行_____命令可以将 Illustrator 中的文件存储为位图格式。

（5）执行_____命令，可以在窗口中新建、复制、删除画板。

2. 选择题

（1）在 Illustrator 中，缩放工具的快捷键是（　　）。

　　A. C　　　　　　　　B. Z　　　　　　　　C. H　　　　　D. E

（2）在 Illustrator 中，抓手工具的快捷键是（　　）。

　　A. V　　　　　　　　B. T　　　　　　　　C. H　　　　　D. P

（3）在 Illustrator 中，隐藏和显示标尺的快捷键是（　　）。

　　A. Ctrl+R　　　　　　B. Ctrl+H　　　　　　C. Ctrl+S　　　D. Ctrl+W

（4）在 Illustrator 中，显示和隐藏参考线的快捷键是（　　）。

　　A. Ctrl+5　　　　　　B. Ctrl+Shift+;　　　　C. Ctrl+Alt+;　　D. Ctrl+;

（5）在 Illustrator 中，锁定和解锁参考线的快捷键是（　　）。

　　A. Ctrl+Alt+;　　　　B. Ctrl+Shift+;　　　　C. Ctrl+;　　　　D. Ctrl+5

3. 思考题

（1）简述在 Illustrator 中新建、打开、关闭文件的方法。

（2）简述置入链接的图像与置入嵌入的图像的区别。

4. 操作题

新建画板，尺寸大小为 A4，文件名称为"新建文档"，出血为 3 毫米，颜色模式为 CMYK。

第 3 章

绘图工具

前两章讲解了 Illustrator 的基础知识和基础操作，本章讲解常用的绘图工具。在 Illustrator 中，可以灵活运用多种绘图工具绘制精美的图像。

本章学习目标

- 掌握路径和锚点的概念
- 掌握常用绘图工具的使用方法
- 掌握处理锚点和路径的相关工具的用法

3.1 路径和锚点

我们可以把Illustrator中的路径想象成线段的线条部分,锚点即线段上的点,当锚点发生位移时,路径的走向也会变化。

3.1.1 路径

在Illustrator中,使用钢笔工具、线型工具(直线段工具、弧线工具、螺旋线工具、矩形网格工具等)、形状工具(矩形工具、椭圆工具、多边形工具、星形工具等)都可以绘制路径。路径分为闭合路径、开放路径、复合路径三种。

①闭合路径

闭合路径的起点与终点重合,使用形状工具、钢笔工具可以绘制闭合路径,如图3.1所示。闭合路径可以填充和描边。

图3.1 闭合路径

②开放路径

与闭合路径相反,开放路径的起点和终点不重合。使用直线段工具、弧线工具、螺旋线工具可以绘制开放路径,如图3.2所示。使用钢笔工具也可以绘制开放路径,首先选中钢笔工具,然后将鼠标指针置于画板中,单击建立第一个锚点,接着移动鼠标指针至另一个位置,单击再次建立一个锚点,若不需要使路径闭合,按住【Ctrl】键的同时,单击路径之外的区域,即可绘制开放路径。

图3.2 开放路径

③复合路径

复合路径是由多条闭合路径和开放路径结合形成的,如图3.3所示。

图3.3 复合路径

3.1.2 锚点

路径上的点称为锚点,这些锚点控制路径的走向,移动或删除锚点会影响图像的整体形状。锚点分为平滑点、直角点、曲线角点等,接下来详细介绍这几种锚点。

①平滑点

平滑点两侧有趋于平衡的控制手柄,当拖曳一方的控制手柄时,另一方的控制手柄也会改变方向,从而影响该锚点两侧的路径走向,如图3.4所示。

②直角点

直角点两侧没有控制手柄,当锚点两边都是直线段时,锚点就为直角点,如图3.5所示。

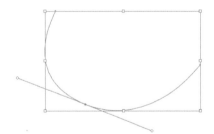

图3.4 平滑点

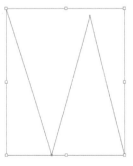

图3.5 直角点

③曲线角点

曲线角点与平滑点类似,但是曲线角点可以

单独控制锚点某一侧的路径，即调整一侧的控制手柄，另一侧的控制手柄和路径不会发生变化。曲线角点是由平滑点转换而来的，使用直接选择工具选中平滑点一侧的控制手柄，按住【Alt】键的同时拖动该控制手柄，可以发现该侧的路径发生变化，另一侧的路径没有发生任何变化，如图3.6所示。

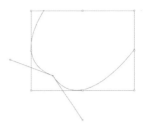

图 3.6　曲线角点

3.2　钢笔 / 铅笔工具

在Illustrator中，使用钢笔工具和铅笔工具可以绘制任何形状的路径，灵活性强。本节将详细讲解钢笔工具和铅笔工具的使用方法。

3.2.1　钢笔工具

钢笔工具（快捷键为【P】）可以绘制任意形状的曲线，也可以绘制直线，可塑性很强。使用钢笔工具可以绘制闭合路径，也可以绘制开放路径。

在工具栏中选中钢笔工具，将鼠标指针置于画板中，单击建立第一个锚点，然后移动鼠标指针至另一处，按住鼠标左键并拖曳，可以绘制曲线路径。重复该动作，即可绘制任意形状的路径。若要绘制闭合路径，则需要使起始锚点与终止锚点重合，如图3.7（a）所示；若要绘制开放路径，则需要在绘制完最后一个锚点后，在按住【Ctrl】键的同时单击鼠标左键，如图3.7（b）所示。

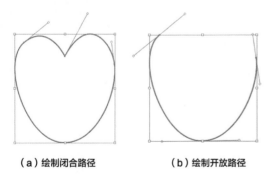

（a）绘制闭合路径　　　　（b）绘制开放路径

图 3.7　钢笔工具

3.2.2　铅笔工具

在Illustrator中，铅笔工具类似于现实生活中

的真实铅笔，使用该工具可以绘制任意形状的路径，鼠标指针移动的轨迹即为路径的形状。

在工具栏中选中铅笔工具，将鼠标指针置于画板中，按住鼠标左键并拖动，即可直接绘制路径。使用铅笔工具绘制的路径可以是闭合路径，也可以是开放路径。

使用铅笔工具绘制路径，路径上会自动添加锚点，通过调节这些锚点可以修改路径的形状。当路径上的锚点较多时，路径可能会显得不流畅，若要在绘制过程中自动添加较多的锚点，可以在绘制前对铅笔工具进行设置。双击铅笔工具图标，在弹出的"铅笔工具选项"对话框中可以设置相关参数，如图3.8所示。

图 3.8　铅笔工具选项

保真度：移动滑块，可以调整保真度，越往左移动，绘制的路径越贴合鼠标指针的移动轨迹，路径上的锚点越多；越往右移动，绘制的路径越平滑，路径上的锚点越少，如图3.9所示。

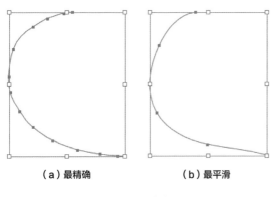

（a）最精确　　　　（b）最平滑

图3.9　保真度

编辑所选路径：勾选该选项，可使用铅笔工具编辑所选路径。

范围：拖动滑块可以修改范围的大小，数值越小越容易编辑绘制的路径。

重置：单击该按钮，可以将参数恢复到默认状态。

　随学随练

钢笔工具具有灵活、易操控的优点，熟练运用钢笔工具可以绘制多种多样的形状和图案。本案例使用钢笔工具绘制抱着线团的小猫。

【步骤1】新建画板，文件名为"小猫"，尺寸为1500px×1000px，方向为横向，颜色模式为CMYK，如图3.10所示。

图3.10　新建画板

【步骤2】在工具栏中选中矩形工具██，将鼠标指针置于画板上，单击鼠标左键，在弹出的对话框中设置宽度和高度分别为1500px和1000px，单击"确定"按钮。双击工具栏下方的

填充色块██，如图3.11所示，在"拾色器"对话框中输入色值#C8E6DA。

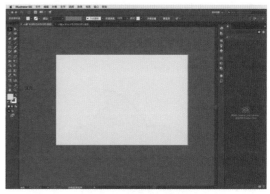

图3.11　绘制矩形

【步骤3】在工具栏中选中选择工具██，单击步骤2绘制的矩形，按快捷键【Ctrl+2】将该矩形锁定。在工具栏中选中钢笔工具██，在工具属性栏中将填充设置为无填充，描边颜色设置为黑色，然后在画板上绘制小猫的轮廓，线团轮廓使用椭圆工具绘制（按住【Shift】键绘制圆），如图3.12所示。

图3.12　绘制轮廓

【步骤4】大致轮廓绘制完成后，使用钢笔工具继续绘制细节处的线条，如图3.13所示。

图3.13　绘制细节

【步骤5】线条绘制完成后，可以对图像进行上色操作。选中选择工具，然后选中小猫的身体轮廓，双击工具栏中的填充色块，将填充的色值设置为#F5A32F；双击描边色块，将描边的色值设置为#4D231A，在工具属性栏中设置描边宽度为12pt，如图3.14所示。

图3.14　身体填充和描边

【步骤6】使用选择工具选中小猫的四肢轮廓，使用上一步的方法，设置填充和描边颜色，如图3.15所示。

图3.15　四肢填充和描边

【步骤7】观察发现，小猫的头部有没有填充橙色的区域，使用钢笔工具绘制适当的形状补充该部分，绘制的形状位于顶层，会挡住位于下方的线条，按快捷键【Ctrl+[】可以将该形状置于下层，如图3.16所示。

图3.16　绘制形状补全头部颜色

【步骤8】使用选择工具选中线团的轮廓，填充色值设置为#0F8D6B，描边色值为#4D231A，描边的宽度设置为6pt，按快捷键【Ctrl+[】将该形状置于下层，如图3.17所示。

图3.17　线团填充和描边

【步骤9】选中选择工具，按住【Shift】键的同时，单击线团内部的线条，将线条的描边色值设置为#4D231A，描边宽度设置为6pt，如图3.18所示。

图3.18　线团内部线条描边

【步骤10】使用同样的方法，将小猫的耳朵和条纹填充色值设置为#D55619，眼睛和嘴型的描边色值设置为#4D231A，描边宽度设置为8pt，鼻子的填充色值设置为#4D231A，嘴巴的填充色值设置为#F9EAA7，如图3.19所示。

图3.19　五官填充和描边

【步骤11】使用椭圆工具绘制一个椭圆，按快捷键【Shift+Ctrl+[】将该图形置于底层，然后按【Ctrl+]】将其上移一层，最终效果图如图3.20所示。

图 3.20 最终效果图

3.3 线型工具

Illustrator中有多种绘制形状、路径的工具，上一节讲解了钢笔工具和铅笔工具，本节将讲解线型工具，如直线段工具、弧线工具、螺旋线工具、矩形网格工具和极坐标网格工具。

3.3.1 直线段工具

使用直线段工具可以绘制直线段，首先在工具栏中选中直线段工具█，然后将鼠标指针置于画板中，按住鼠标左键不放并拖曳，松开鼠标左键即绘制出直线段，如图3.21所示。

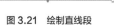

图 3.21 绘制直线段

若要绘制精确长度的直线段，可以双击直线段工具的图标，在弹出的对话框中可以设置长度、角度，如图3.22所示。

图 3.22 直线段工具选项

3.3.2 弧线工具

使用弧线工具可以绘制弧线。在工具栏中选中弧线工具（鼠标左键长按直线段工具，然后在右侧的列表中单击弧线工具），按住鼠标左键不放并拖曳鼠标，直到绘制出合适的形状松开鼠标，即可绘制一条弧线，如图3.23所示。在绘制弧线的过程中，可以按上、下方向键调整弧线的弧度。

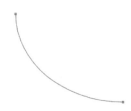

图 3.23 绘制弧线

如果需要绘制精确的弧线，可以先选中弧线工具，然后单击画板，在弹出的"弧线段工具选项"对话框中设置相关参数，如图3.24所示。

图 3.24 "弧线段工具选项"对话框

X轴长度：输入具体的数值，可以绘制指定x轴长度的弧线。

Y轴长度：输入具体的数值，可以绘制指定y轴长度的弧线。

类型：单击右侧的下拉按钮，可以选择弧线的类型，包括闭合和开放两种类型，如图3.25所示。

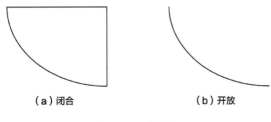

（a）闭合　　　　　　　　　（b）开放

图 3.25　弧线类型

基线轴：可以设置弧线的基线方向。

斜率：拖动滑块，或者在输入框中输入数值，可以设置弧线的斜率。

3.3.3 | 螺旋线工具

使用螺旋线工具可以绘制螺旋线。在工具栏中选中螺旋线工具，然后将鼠标指针置于画板中，按住鼠标左键不放并拖曳，即可绘制螺旋线，如图 3.26 所示。

图 3.26　绘制螺旋线

在绘制的过程中，可以按住上、下方向键调整螺旋的圈数：按【↑】键，可以增加螺旋线的圈数；按【↓】键，可以减少螺旋线的圈数。

若要创建精确半径和衰减率的螺旋线，可以单击画板，在弹出的"螺旋线"对话框中设置相关参数，然后单击"确定"按钮即可，如图 3.27 所示。

图 3.27　"螺旋线"对话框

半径：在输入框中输入数值，可以设定螺旋线最外侧的点到中心点的距离。

衰减：在输入框中输入数值，可以设置螺旋线的衰减率，数值越大，衰减率越小，数值越小，衰减率越大，如图 3.28 所示。

（a）衰减率为 80%　　　　　　（b）衰减率为 40%

图 3.28　螺旋线衰减率

段数：在输入框中输入数值，可以设置螺旋线的段数。

样式：可以选择螺旋线的一种样式。

3.3.4 | 矩形网格工具

使用矩形网格工具可以绘制网格状的背景或表格。选中矩形网格工具，然后将鼠标指针置于画板中，按住鼠标左键不放并拖动，即可绘制矩形网格，如图 3.29 所示。

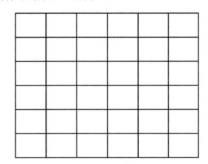

图 3.29　绘制矩形网格

如果需要绘制精确大小和间距的矩形网格，可以单击画板，然后在弹出的"矩形网格工具选项"对话框中设置相关参数，单击"确定"按钮即可，如图 3.30 所示。

宽度/高度：在输入框中可以输

图 3.30　"矩形网格工具选项"对话框

入矩形网格的宽度和高度，在"宽度"右侧的定位器中可以设置矩形网格的角点。

水平分隔线：在"数量"输入框中可以输入数值，该值即矩形网格的水平分隔线数量；在"倾斜"项可以设置水平分隔线间距的缩减方向，当值为负数时，分隔线的间距由上到下逐渐变窄，当值为正数时，分隔线的间距由下到上逐渐变窄，如图3.31所示。

（a）倾斜值为 −100%　　　（b）倾斜值为 100%

图 3.31　倾斜

垂直分隔线：在"数量"输入框中可以输入数值，该值即矩形网格的垂直分隔线数量；在"倾斜"项中可以设置垂直分隔线间距的缩减方向。

填色：勾选该项后，绘制的矩形网格会以设定的颜色填充和描边。

3.3.5 | 极坐标网格工具

使用极坐标网格工具可以快速绘制出由多个同心圆和径向分隔线组成的极坐标网格。选中极坐标网格工具，将鼠标指针置于画板中，按住鼠标左键不放并拖曳，松开鼠标后即可绘制出极坐标网格，如图3.32所示。

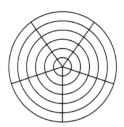

图 3.32　绘制极坐标网格

若要绘制正圆形的极坐标网格，可以在按住【Shift】键的同时绘制。在按住鼠标左键并拖动的过程中，按键盘的【↑】和【↓】键，可以调整同心圆的数量，按【→】和【←】键，可以调整

径向分隔线的数量。

若需要绘制精确大小和间距的极坐标网格，可以在选中该工具后，单击画板，在弹出的"极坐标网格工具选项"对话框中设置网格的宽度、高度、同心圆分隔线、径向分隔线等，单击"确定"按钮即可绘制精确参数的极坐标网格，如图3.33所示。

图 3.33　"极坐标网格工具选项"对话框

宽度/高度：用来设置极坐标网格的宽度和高度。

同心圆分隔线：在"数量"输入框中可以设置同心圆的数量，"倾斜"参数决定同心圆分隔线的间距缩减方向，如图3.34所示。

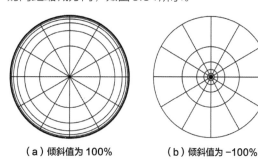

（a）倾斜值为 100%　　　（b）倾斜值为 −100%

图 3.34　倾斜

径向分隔线：在"数量"输入框中可以设置径向分隔线的数量，"倾斜"参数控制径向分隔线的顺时针或逆时针的聚拢方向。

随学随练

使用线型工具可以绘制线状的图案，巧妙运用这些工具可以达到事半功倍的效果。本案例使用极坐标网格工具绘制飞镖盘。

【步骤1】新建画板，文件名为"飞镖盘"，尺寸为1000px×1000px，颜色模式为RGB，如图3.35所示。

图3.35　新建画板

【步骤2】在直线段工具组中选中极坐标网格工具，将鼠标指针置于画板中，单击鼠标左键，在弹出的对话框中设置极坐标网格的宽度和高度都为500px，同心圆分隔线数量为5，径向分隔线数量为20，如图3.36所示。

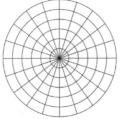

图3.36　绘制极坐标网格

【步骤3】使用选择工具选中极坐标图形，单击鼠标右键，在弹出的快捷菜单中选中"取消编组"；然后选中线条部分，按住快捷键【Shift+Alt】，同时按住鼠标左键并向外拖曳，等比例放大线条，如图3.37所示。

【步骤4】使用选择工具选中圆形图形组，单击鼠标右键，在快捷菜单中选中"取消编组"；然后分别选中图形中的圆，填充颜色并取消描边；选中线条图形组，设置描边颜色为黄色，如图3.38所示。

【步骤5】使用选择工具同时选中中间的两个小圆，按住快捷键【Shift+Alt】的同时，按住鼠

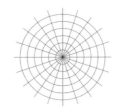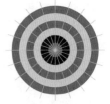

图3.37　放大线条　　　图3.38　设置填充与描边

标左键并向内拖动，将选中的两个小圆等比例缩小，如图3.39所示。

【步骤6】使用选择工具选中淡黄色的圆，使用同样的方法将选中的圆放大，如图3.40所示。

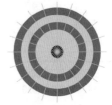

图3.39　缩小中心圆　　　图3.40　放大选中的圆

【步骤7】选中选择工具，按住鼠标左键框选除中心两个小圆的所有图形，执行"窗口→路径查找器"命令（将在后面章节详细讲解），然后单击路径查找器面板中左下角的分割图标，为图层组添加黄色描边；单击鼠标右键，在快捷菜单中选中"取消编组"；再单击鼠标右键，在快捷菜单中选中"排列→置于底层"，如图3.41所示。

【步骤8】选中选择工具，按住【Shift】键的同时，单击分割后的扇形，然后将选中的图形填充为黑色，如图3.42所示。

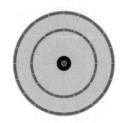

图3.41　分割图形　　　图3.42　填充颜色

【步骤9】选中黑色扇形对应的环状图形，填充为绿色，飞镖盘制作完成，如图3.43所示。

【步骤10】选中圆角矩形工具，将鼠标指针置于画板中，单击鼠标左键，在对话框中设置圆角矩形的宽度和高度都为600px，圆角大小为70px，如图3.44所示。

图 3.43　飞镖盘　　　图 3.44　绘制布面

图 3.45　绘制悬挂轴（续）

【步骤 11】选中圆角矩形工具，绘制合适大小的圆角矩形充当悬挂轴；在工具栏的填充色块下，选中 ■，在弹出的面板中设置颜色，如图 3.45 所示。

【步骤 12】选中文字工具，制作编号，最终效果图如图 3.46 所示。

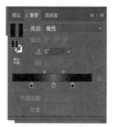

图 3.45　绘制悬挂轴

图 3.46　最终效果图

3.4　形状工具

在 Illustrator 中，可以使用矩形工具、圆角矩形工具、星形工具、多边形工具等绘制规则的形状，本节将详细讲解这些形状工具的用法。

3.4.1　矩形工具

使用矩形工具（快捷键为【M】）可以绘制矩形或正方形。选中该工具，将鼠标指针置于画板中，按住鼠标左键拖动到合适位置，松开鼠标即可绘制出矩形；若要绘制正方形，可以在绘制的同时按住【Shift】键，如图 3.47 所示。

图 3.47　绘制矩形和正方形

若要绘制精确大小的矩形，可以先在工具栏中选中矩形工具，然后将鼠标指针置于画板中并

单击鼠标左键，在弹出的"矩形"对话框中输入矩形的宽度和高度，单击"确定"按钮即可建立设定尺寸的矩形，如图 3.48 所示。

图 3.48　"矩形"对话框

3.4.2　圆角矩形工具

使用圆角矩形工具可以绘制圆角矩形。先在工具栏中选中圆角矩形工具，将鼠标指针置于画板上，按住鼠标左键不放并拖动即可绘制圆角矩形。如果要绘制圆角正方形，可以在绘制的同时按住【Shift】键。若要绘制精确大小的圆角矩形，可以在选中圆角矩形工具后，单击鼠标左键，然

后在"圆角矩形"对话框中设置相关参数，单击"确定"按钮即可，如图3.49所示。

图 3.49　绘制圆角矩形

宽度/高度：在宽度和高度输入框中可以设置圆角矩形的宽度和高度。

圆角半径：在圆角半径输入框中可以设置圆角的半径。

在绘制圆角矩形时，可以搭配【↑】【↓】【←】【→】键，改变圆角矩形的圆角大小。选中圆角矩形工具后，按住鼠标左键不放并拖动绘制圆角矩形，在不松开鼠标的前提下，按【↑】键可以增大圆角矩形的圆角，按【↓】键可以减小圆角矩形的圆角，按【←】键可以绘制圆角半径为0的圆角矩形，按【→】键可以绘制圆角半径最大的圆角矩形。

3.4.3 | 椭圆工具

使用椭圆工具（快捷键为【L】）可以绘制椭圆和圆。先在工具栏中选中椭圆工具 ⬭ ，将鼠标指针置于画板上，按住鼠标左键不放并拖动，即可绘制椭圆；在绘制过程中按住【Shift】键可以绘制圆，如图3.50所示。

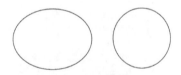

图 3.50　绘制椭圆和圆

如果需要绘制精确大小的椭圆或圆，可以先选中椭圆工具，然后将鼠标指针置于画板中，单击鼠标左键，在弹出的对话框中设置宽度和高度，如图3.51所示。

图 3.51　"椭圆"对话框

3.4.4 | 多边形工具

使用多边形工具可以绘制多边形。选中多边形工具 ⬡ ，将鼠标指针移动到画板上，按住鼠标左键不放并拖动即可绘制多边形。若要绘制精确大小和边数的多边形，可以先选中多边形工具，然后将鼠标指针移动至画板上，单击鼠标左键，在弹出的对话框中设置相关参数，如图3.52所示。

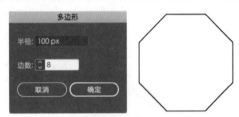

图 3.52　绘制多边形

半径：在输入框中可以设置多边形的半径。

边数：单击 ⬦ 按钮，可以增加或减少多边形的边数，也可在输入框中输入具体的数值。

值得注意的是，除了可以通过以上方式确定多边形的边数以外，还可以在绘制的过程中，搭配【↑】【↓】键修改多边形的边数。先选中多边形工具，将鼠标指针移动到画板上，按住鼠标左键不放并拖动绘制多边形（默认多边形边数与上次绘制多边形的边数相同），在不释放鼠标左键的前提下，按【↑】键可以增加多边形的边数，按【↓】键可以减少多边形的边数，如图3.53所示。

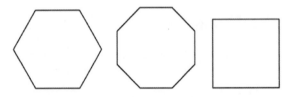

图 3.53　修改多边形的边数

在绘制多边形的过程中，按住【Shift】键，可以绘制水平方向的多边形。在绘制的过程中，按住空格键的同时拖动鼠标可以移动多边形的位置。

3.4.5 | 星形工具

在形状工具组中选中星形工具后，将鼠标指针置于画板上，按住鼠标左键不放并拖动，即可绘制星形，如图3.54所示。在绘制星形的过程中，按【↑】键或【↓】键可以改变星形的角点数，按住【Shift】键可以45°的倍数旋转星形，按住空格键可以使星形随着鼠标的移动而移动。

图 3.54　绘制星形

若需要绘制精确大小的星形，可以在选中星形工具后，将鼠标指针置于画板中，单击鼠标左键，在弹出的"星形"对话框中设置相关参数，然后单击"确定"按钮即可，如图 3.55 所示。

图 3.55　"星形"对话框

半径1指的是星形中心点到外角点的距离，如图 3.56（a）所示；半径2指的是星形中心点到内角点的距离，如图 3.56（b）所示。

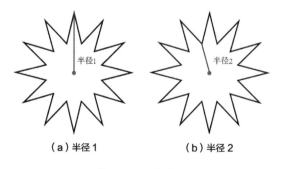

（a）半径1　　　　（b）半径2

图 3.56　星形的半径

3.4.6　光晕工具

在形状工具组中选中光晕工具，将鼠标指针置于画板中，按住鼠标左键不放并拖曳，即可绘制光晕的主光圈，如图 3.57（a）所示，然后移动鼠标指针位置，单击鼠标左键即可绘制副光圈，

如图 3.57（b）所示。

（a）主光圈

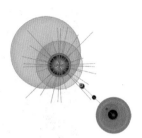

（b）副光圈

图 3.57　绘制光晕

值得注意的是，在绘制光晕的过程中，可以按【↑】键或【↓】键改变光晕的数量。若要绘制精确的光晕效果，可以在选中光晕工具后，将鼠标指针置于画板中，单击鼠标左键，然后在弹出的"光晕工具选项"对话框中设置相关参数，如图 3.58 所示。

图 3.58　"光晕工具选项"对话框

直径：用来设置发光中心圆的半径。

不透明度：用来设置中心圆的不透明度。

亮度：用来设置中心圆的亮度。

增大：用来设置光晕发散的程度。

模糊度：控制光晕边缘的模糊效果。

射线："数量"指射线的数量；"最长"用来设置光晕中最长的一条射线的长度；"模糊度"用来设置射线的模糊效果。

环形："路径"用来设置光环的轨迹长度；"数量"用来设置单击时产生的光环数量；"最大"

用来设置多个光环中最大光环的大小；"方向"用来设置小光环路径的角度。

随学随练

使用形状工具可以制作多种图形效果，结合灵活的钢笔工具可以设计样式繁多的图像。本案例使用形状工具绘制可爱的机器猫卡通形象。

【步骤1】新建画板，文件名为"机器猫"，尺寸为1000px×1000px，颜色模式为RGB，如图3.59所示。

【步骤2】选中矩形工具，将鼠标指针置于画板中，单击鼠标左键，在弹出的对话框中设置宽和高都为1000px，

图 3.59　新建画板

单击"确定"按钮；双击工具栏中的填充色块，在"拾色器"对话框中设置矩形的填充色值为#03D6CB，如图3.60所示。

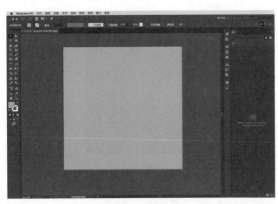

图 3.60　绘制矩形

【步骤3】使用选择工具选中青色矩形，按快捷键【Ctrl+2】锁定该图形。选中椭圆工具绘制椭圆，宽度和高度分别为396px、360px，填充色值设置为#0488CC，描边色值设置为#000000，如图3.61所示。

【步骤4】选中圆角矩形工具，绘制宽度和高度分别为200px、12px的圆角矩形，填充色值设置为#C12331，描边色值设置为#000000，如

图3.62所示。

【步骤5】选中椭圆工具，绘制一个椭圆，使用直接选择工具选中一个锚点，单独调整这个锚点的位置；使用添加锚点工具在路径上添加锚点，继续调节椭圆的形状，如图3.63所示。

【步骤6】选中椭圆工具，绘制宽度和高度分别为70px、98px的椭圆，填充颜色设置为白色，描边颜色设置为黑色。选中该图形，按住【Alt】键的同时按住鼠标左键并移动，复制选中的图像，并放置到相应位置，如图3.64所示。

图 3.61　绘制椭圆

图 3.62　绘制围脖

图 3.63　绘制脸部

图 3.64　绘制眼眶

【步骤7】选中钢笔工具，绘制机器猫的眼睛。绘制的眼睛不是闭合路径，绘制完成后单击最后一个锚点，然后按住【Ctrl】键的同时单击画板的空白处，如图3.65所示。

【步骤8】使用钢笔工具和直接选择工具绘制机器猫的胡子、嘴巴、舌头，如图3.66所示。

图 3.65　绘制眼睛

图 3.66　绘制口鼻部

【步骤9】使用椭圆工具绘制宽度和高度都为50px的圆形，填充色值为#F9D74F，描边颜色

为黑色，再绘制铃铛的其他部分，如图3.67所示。

【步骤10】使用同样的方式，绘制机器猫的躯干和四肢，如图3.68所示。

【步骤11】使用椭圆工具绘制云朵，如图3.69所示。

图 3.67　绘制铃铛　　图 3.68　绘制躯干和四肢

图 3.69　绘制云朵

3.5　编辑路径和锚点

使用钢笔工具、线型工具、形状工具绘制好路径后，通过选择工具或直接选择工具可以对路径或锚点进行调整。本节将详细讲解路径和锚点的编辑方法。

3.5.1　选择工具

形状或线条绘制完成后，可以使用选择工具移动、缩放、复制、变换、删除图形。在工具栏中选中选择工具▶（快捷键为【V】），单击选中需要进行变换的图形，如图3.70所示。

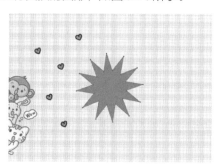

图 3.70　选择工具

选中图形后，按住鼠标左键并拖动可以将图形移动到合适位置，若需要在水平或垂直方向上移动图形，可以在按住【Shift】键的同时拖动鼠标。若需要对图形进行缩放或变形操作，可以在使用选择工具选中图形后，单击鼠标右键并在弹出的快捷菜单中选中"变换"选项，然后选择具体的变换类型，如图3.71所示。

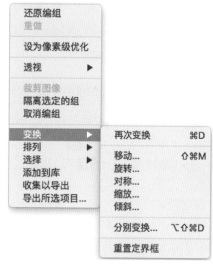

图 3.71　变换图形

若需要删除图形，选中选择工具后，单击选中需要删除的图形，然后按【Delete】键即可。

3.5.2　直接选择工具

使用直接选择工具▶（快捷键为【A】）可以编辑锚点和路径。首先选中直接选择工具，然后单击需要编辑的锚点或路径，即可选中此锚点或路径；按住【Shift】键的同时单击多个锚点或路径，可以同时选中这些锚点、路径，如图3.72所示。按住鼠标左键并移动即可移动选中的锚点或路径的位置。按【Delete】键可以删除选中的锚点或路径。

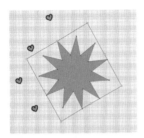

图 3.72　直接选择工具

使用直接选择工具选中锚点后，可以拖动锚点附近的圆圈，从而改变锚点处的转折形式，如图3.73所示。

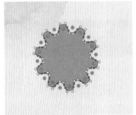

图 3.73　调整为圆角

3.5.3　添加锚点 / 删除锚点工具

使用绘图工具绘制图形后，往往需要对形状进行编辑，使用添加锚点工具 可以在路径上添加锚点，使用删除锚点工具 可以删除路径上的多余锚点。

打开需要编辑的图像，在工具栏中选中添加锚点工具，然后将鼠标指针置于需要添加锚点的路径上，单击鼠标左键即可添加一个锚点，如图3.74所示。锚点添加完成后，可以使用直接选择工具对新添加的锚点进行编辑。

图 3.74　添加锚点

若需要删除路径上的锚点，可以使用删除锚点工具。将鼠标指针置于需要删除的锚点上，单击鼠标左键即可删除该锚点，如图3.75所示。

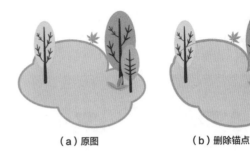

（a）原图　　　　　　（b）删除锚点

图 3.75　删除锚点

3.5.4　锚点工具

3.1.2节介绍了锚点的几种类型，如平滑点和直角点，使用锚点工具可以转换平滑点和直角点。打开需要转换锚点的图像，在工具栏中选中锚点工具，将鼠标指针置于需要转换的锚点上，单击鼠标左键即可，如图3.76所示。

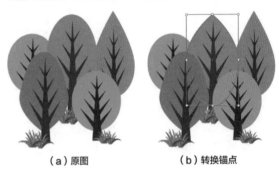

（a）原图　　　　　　（b）转换锚点

图 3.76　锚点工具

除了使用锚点工具转换平滑点和直角点外，还可以使用直接选择工具的工具属性栏转换锚点的类型，如图3.77所示。

将所选锚点转换为直角点

将所选锚点转换为平滑点

图 3.77　转换锚点

先在工具栏中选中直接选择工具，然后选中某一锚点，若需要将平滑点转换为直角点，则单击工具属性栏中的 按钮，若需要将直角点转换为平滑点，则单击工具属性栏中的 按钮。

3.5.5　平滑工具

在Illustrator中，可以使用平滑工具对路径进行平滑处理。打开需要处理的图像，在工具栏中选中选择工具，再选中需要进行平滑处理的图形，然后长按铅笔工具的图标，在弹出的列表中选中"平滑工具"，最后按住鼠标左键并拖动，即可使路径变得平滑，如图3.78所示。

（a）原图

（b）路径变得平滑

图3.78 平滑工具

若需要修改平滑工具的保真度，可以双击平滑工具的图标，在弹出的对话框中设置保真度，如图3.79所示。

图3.79 平滑工具选项

3.5.6 | 橡皮擦工具

在现实生活中，橡皮擦可以擦除铅笔线，同样，在Illustrator中，可以使用橡皮擦工具擦除不必要的路径、复合路径等。值得注意的是，在Illustrator的工具栏中，还有一种路径橡皮擦工具，两种工具都可以擦除路径。

① 路径橡皮擦工具

路径橡皮擦工具位于铅笔工具组中，该工具的使用方法十分简单。打开需要编辑的图像，首先选中选择工具，单击选中需要擦除的路径，然后选中路径橡皮擦工具，在路径上涂抹即可擦除路径，如图3.80所示。

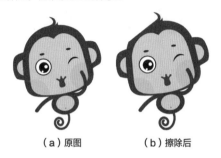

（a）原图　　　　（b）擦除后

图3.80 路径橡皮擦工具

值得注意的是，路径橡皮擦工具擦除路径后，闭合路径将变为开放路径，若擦除图形的衔接部分，路径会变成分开的独立图形。

② 橡皮擦工具

橡皮擦工具（快捷键为【Shift+E】）可以擦除矢量图的任何区域。打开需要编辑的图像，在工具栏中选中橡皮擦工具，然后按住鼠标左键在需要擦除的图像上涂抹即可。使用橡皮擦工具擦除图像的同时，擦除部分会自动添加锚点和路径，如图3.81所示。

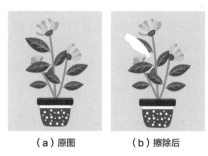

（a）原图　　　　（b）擦除后

图3.81 橡皮擦工具

选中橡皮擦工具后，可以通过快捷键调整橡皮擦大小，按【] 】键可以增大橡皮擦，按【 [】键可以减小橡皮擦。若需要精确调整橡皮擦的角度、圆度和大小，可以在工具栏中双击橡皮擦工具的图标，然后在弹出的对话框中设置相关参数，如图3.82所示。通常情况下，使用橡皮擦工具时只需调整大小。

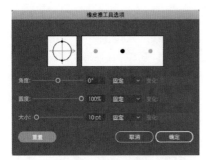

图 3.82　橡皮擦工具选项

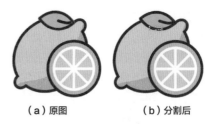

（a）原图　　　　（b）分割后

图 3.83　剪刀工具

路径橡皮擦工具与橡皮擦工具都能擦除图像，路径橡皮擦工具擦除的是鼠标指针经过的路径和锚点，橡皮擦工具擦除的是鼠标指针经过的矢量图像，读者可以通过实际操作观察两者的差异。

3.5.7　剪刀工具

使用剪刀工具（快捷键为【C】）可以把一条路径分割成两段，该工具位于橡皮擦工具组中。打开需要编辑的图像，使用选择工具选中需要分割的路径，然后在橡皮擦工具组中选中剪刀工具，将鼠标指针移动至需要分割的路径上，单击鼠标左键即可，如图 3.83 所示。

3.5.8　刻刀工具

使用刻刀工具可以对选中的图像进行分割，刻刀工具位于橡皮擦工具组中。打开需要编辑的图像，使用选择工具选中需要分割的图像，然后在橡皮擦工具组中选中刻刀工具，按住鼠标左键沿着需要切割的位置移动，即可对选中的图像进行分割，如图 3.84 所示。

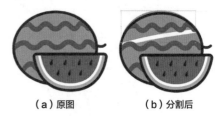

（a）原图　　　　（b）分割后

图 3.84　刻刀工具

3.6　本章小结

本章主要讲解 Illustrator 的绘图工具，包括钢笔工具、线型工具、形状工具、编辑路径和锚点的工具。通过本章的学习，读者能够熟练运用 Illustrator 的各种绘图工具。使用这些工具可以绘制多种多样的图形、图案，读者需要多加练习，从而灵活运用这些工具。

3.7　习题

1. 填空题

（1）在 Illustrator 中，路径分为_____、_____、复合路径三种。

（2）在 Illustrator 中，线型工具包括_____、_____、_____、_____、极坐标网格工具。

（3）在 Illustrator 中，形状工具包括_____、_____、_____、_____、光晕工具。

（4）选择工具的快捷键是_____，直接选择工具的快捷键是_____。

（5）橡皮擦工具的快捷键是_____。

2. 选择题

（1）在Illustrator中，矩形工具的快捷键是（　　）。

　　A. A　　　　　　B. L　　　　　　　C. V　　　　　　　　D. M

（2）在Illustrator中，椭圆工具的快捷键是（　　）。

　　A. Y　　　　　　B. N　　　　　　　C. L　　　　　　　　D. C

（3）使用（　　）可以选中需要单独编辑的锚点。

　　A. 选择工具　　B. 直接选择工具　　C. 编组选择工具　　D. 套索工具

（4）在Illustrator中，在使用圆角矩形工具绘制图形时，按（　　）键可以增大圆角，按（　　）键可以减小圆角。

　　A. ↑　　　　　　B. ↓　　　　　　　C. ←　　　　　　　　D. →

（5）在Illustrator中，使用多边形工具绘制多边形时，按（　　）键可以增加多边形边数，按（　　）键可以减少边数。

　　A. ↑　　　　　　B. ↓　　　　　　　C. ←　　　　　　　　D. →

3. 思考题

（1）简述Illustrator的锚点的分类。

（2）简述Illustrator中编辑锚点的工具类型。

4. 操作题

在Illustrator中利用绘图工具绘制图3.85所示图像。

图3.85　题图

第 4 章

图形编辑

使用线型工具和形状工具绘制完图形后,经常需要对这些图形进行二次编辑,从而使图形呈现更加多样的形式。这些编辑操作包括对齐 / 分布、编组 / 解组、旋转、镜像、缩放、布尔运算等。本章将详细讲解图形编辑的相关工具和命令。

本章学习目标

- 熟练掌握各种选择图形的工具的用法
- 掌握对齐 / 分布、编组 / 解组、锁定 / 解锁、隐藏 / 显示等操作方法
- 熟悉各种变换工具的使用方法
- 认识路径查找器

4.1 选择编辑对象

在日常生活中，如果需要将椅子上某件衣服用衣架挂起来，首先需要选出这件衣服，然后执行"挂"这一动作。同样，在Illustrator中，如果需要对某个图形进行编辑，首先需要选中该图形。选择图形的工具有多种，上一章已经讲解了选择工具与直接选择工具的使用方法，本节将再讲解另外4种工具。

4.1.1 编组选择工具

在Illustrator中，使用选择工具可以单选、多选单独或组合的图形，当几个图形形成一个图形组时，使用选择工具无法单击选中图形组内的单独图形（双击可以选中图形组内的某一个图形）。使用编组选择工具可以选中图形组内的某个图形。先在工具栏中选中编组选择工具（位于直接选择工具组中），然后单击图形组中的某个图形，即可选中该图形，按住鼠标左键并移动将移动选中的对象，如果需要选中组内的所有图形，再次单击鼠标左键即可，如图4.1所示。

（a）单击　　　　（b）再次单击

图 4.1　编组选择工具

值得注意的是，在Illustrator CC 2018版本中，可以使用选择工具选中编组中的单独图形，先选中选择工具，在编组的图形上双击鼠标左键，文档窗口上方出现，然后将鼠标指针置于需要选中的图形上，单击鼠标左键即可选中该单独的图形。

使用直接选择工具也可选中组内的单独图形，然后对选中的图形执行移动、删除等操作。但是，使用编组选择工具可以方便快捷地单选或全选组内的元素。

4.1.2 魔棒工具

使用魔棒工具（快捷键为【Y】）可以选择与选中图形具有相同属性（如填充颜色、描边颜色、描边粗细、不透明度等）的其他图形。先选中魔棒工具，然后单击某个图形，即可选中与该图形具有相同属性的对象，如图4.2所示。

（a）选择工具选中

（b）魔棒工具选中

图 4.2　魔棒工具

图4.2展示了使用魔棒工具选择填充颜色相同的全部对象，此外，还可以使用魔棒工具选中描边颜色、描边粗细、不透明度相同的全部对象。在工具栏中选中魔棒工具，双击魔棒工具图标，在弹出的魔棒面板中可以设置相关参数，如图4.3所示。

图 4.3　魔棒面板

填充颜色：勾选该选项，可以选中与当前选择对象具有相同或相似填充色的图形对象。"容差"决定了当前选择对象与其他待选对象的颜色相似程度，容差越大，选中对象的颜色相似程度越小，选中的对象范围越大。

描边颜色：勾选该选项，可以选中与当前选择对象具有相同或相似描边色的图形对象，"容差"决定了相似程度。

描边粗细：勾选该选项，可以选中与当前选择对象具有相同或相似描边粗细的图形对象，"容差"决定了相似程度。

不透明度：勾选该选项，可以选中与当前选择对象具有相同或相似不透明度的图形对象。

混合模式：勾选该选项，可以选中与当前选择对象具有相同混合模式的图形对象。

值得注意的是，魔棒面板中的选项是复选项，可以多选，在此情况下，使用魔棒工具选择的对象将同时具备勾选的几项共同点。除了可以使用魔棒工具选中具有相同属性的对象外，还可以通过执行"选择→相同"命令选中具有相同属性的对象。

4.1.3 套索工具

使用套索工具（快捷键为【Q】）可以选中套索区域内的所有路径和锚点。在工具栏中选中套索工具，然后按住鼠标左键并拖动绘制闭合的区域，即可选中区域内的路径和锚点，如图4.4所示。

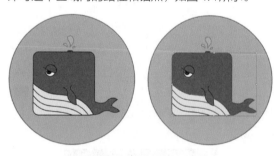

图4.4 套索工具

使用套索工具选中锚点后，可以使用直接选择工具对这些锚点进行移动、删除、复制等操作。

4.1.4 "选择"命令

使用选择工具、直接选择工具、魔棒工具、套索工具等可以选中特定的对象，除了使用这些工具外，还可以使用"选择"菜单中的命令选中指定的图形，如图4.5所示。

全部：执行该命令，可选择文件中的所有对象（锁定对象除外）。

现用画板上的全部对象：执行该命令，可选择画板中的所有对象（锁定对象除外）。

取消选择：执行该命令，可以取消选择文件中选中的对象。

重新选择：执行该命令，可以重新选择最后一次选择的对象。

反向：执行该命令，可以选择未选中的所有对象。

上方的下一个对象：执行该命令，可以选择已选中图形的上方图形。

下方的下一个对象：执行该命令，可以选择已选中图形的下方图形。

相同：与魔棒工具的使用方法一样。

对象：在二级菜单中可以选择具体的命令，如图4.6所示。

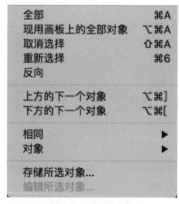

图4.5 "选择"命令

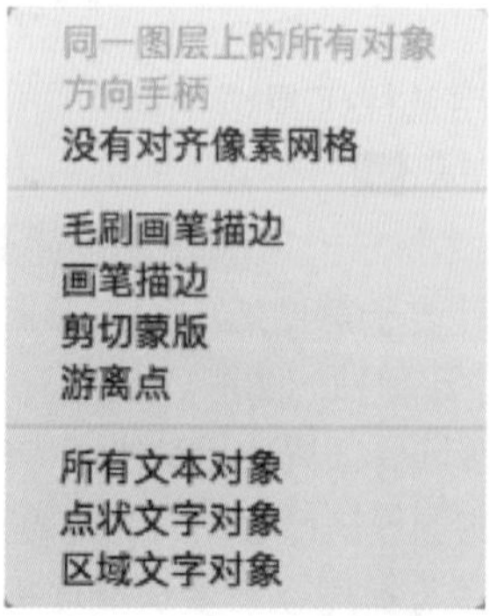

图4.6 "对象"二级菜单

4.2 常规编辑

在Illustrator中，使用钢笔工具、形状工具等绘制完图形后，可以对这些图形进行编辑，如移动、旋转、镜像、缩放、倾斜、变换等。本节将详细讲解这些常规编辑方法。

4.2.1 移动图形

在Illustrator中，可以将选中的对象在文件内移动，也可以将选中的文件移动到另一文件中。若需要移动文件中的某一图形，可以先使用选择工具选中该图形，然后按住鼠标左键并拖动到合适位置，松开鼠标即可，如图4.7所示。

（a）选中图形　　　　（b）移动图形

图4.7　移动图形（文件内）

如果需要将一个文件中的图形移动到另一文件中，可以先选中该图形，然后按住鼠标左键并拖动到另一文件的文档窗口标题栏，停留片刻，Illustrator会自动切换当前窗口至目标文件，再移动鼠标指针至画板中的合适位置，松开鼠标左键即可，如图4.8所示。

（a）移动过程

图4.8　移动图形（跨文件）

（b）移动至目标文件

图4.8　移动图形（跨文件）（续）

4.2.2 复制/删除图形

在Illustrator中，可以对绘制完的图形进行复制，从而节省重复绘制的时间。复制图形的方法有两种：一种方法是使用选择工具搭配快捷键进行复制，先使用选择工具选中需要复制的图形，然后按住【Alt】键的同时，按住鼠标左键并拖动至合适位置松开鼠标即可，如图4.9所示；另一种方法是使用命令复制图形，先使用选择工具选中需要复制的图形，然后执行"编辑→复制"命令或按快捷键【Ctrl+C】，再执行"编辑→粘贴"命令或按快捷键【Ctrl+V】即可。

图4.9　复制图形

多余或画错的图形可以删除。删除图形的操作十分简单，使用选择工具选中需要删除的图形，然后按【Delete】键即可。如果要撤回删除操作或其他操作，可以按快捷键【Ctrl+Z】撤回，按几次撤回几步。

4.2.3 旋转图形

使用钢笔工具或形状工具绘制图形后，可以对图形进行旋转操作。旋转图形的方法有多种，包括使用定界框、旋转工具、旋转命令进行旋转。本节将详细讲解这些方法。

① 使用定界框旋转

使用选择工具选中需要旋转的对象，然后将鼠标指针置于靠近定界框的外侧区域，当鼠标指针变为弯曲的箭头形状时，按住鼠标左键并拖曳，即可旋转选中的对象，如图4.10所示。

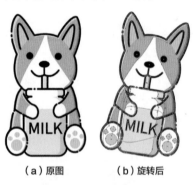

（a）原图　　　　（b）旋转后

图 4.10　使用定界框旋转

② 使用旋转工具旋转

在Illustrator中可以使用旋转工具（快捷键为【R】）旋转图形。先使用选择工具选中需要旋转的图形，再在工具栏中选中旋转工具 ，旋转中心点自动定位于图形定界框的中心点，按住鼠标左键并拖动即可使图形绕中心点旋转，如图4.11所示。

（a）原图　　　　（b）旋转后

图 4.11　使用旋转工具旋转

使用旋转工具可以精确设置旋转的角度。先选中需要旋转的对象，然后双击旋转工具的图标 ，在弹出的对话框中可以设置旋转的角度，拖动"角度"后的角度控制盘或者在输入框中输入参数即可，范围为-360°～360°，如图4.12所示。设置好角度后，单击"确定"按钮，即可将选中的图形旋转指定的度数。

图 4.12　"旋转"对话框

使用旋转工具进行旋转时，旋转中心点自动定位于定界框的中心点，也可以手动调整旋转中心点。选中需要旋转的图形后，再选中旋转工具，将鼠标指针置于旋转中心点上，按住鼠标左键拖动即可。设置好旋转中心点再进行旋转时，图形会以新的中心点为中心旋转，如图4.13所示。

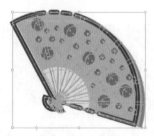

图 4.13　调整旋转中心点

③ 使用旋转命令旋转

先使用选择工具选中需要旋转的图形，再执行"对象→变换→旋转"命令，在弹出的对话框中可以设置旋转的角度。该对话框也可以通过双击旋转工具的图标调出。

除了通过以上命令旋转图形之外，还可以通过执行"窗口→变换"命令调出变换面板，如图4.14所示。在变换面板中的旋转图标■后，可以输入或选择旋转的角度，也可以在该面板中设置所选图形的大小。

图 4.14　变换面板

4.2.4 | 镜像图形

在日常生活中，我们经常用到镜子，镜子中的人像就是现实人物的镜像。在 Illustrator 中，可以使用镜像工具（快捷键为【O】）对选中的图形按水平、垂直或任意角度进行镜像或镜像复制。

先使用选择工具选中目标图像，然后双击工具栏中的镜像工具图标■，就可以在弹出的"镜像"对话框中设置镜像的轴、角度、选项，如图4.15所示。设置好这些参数后，单击"复制"按钮可以对选中的图形进行镜向复制，单击"确定"按钮可以对选中的图形按设置的轴和角度进行镜像。

图 4.15　"镜像"对话框

水平：选中该选项，可对选中的图形在水平方向上进行镜像操作，达到上下翻转的效果，如图4.16所示。

（a）原图　　　　　　（b）镜像后

图 4.16　水平镜像

垂直：选中该选项，可对选中的图形在垂直方向上进行镜像操作，达到左右翻转的效果，如图4.17所示。

（a）原图　　　　　　（b）镜像后

图 4.17　垂直镜像

角度：选中该选项，然后设置角度值，可对选中的图形按设置的角度进行镜像操作，如图4.18所示。

（a）设置角度

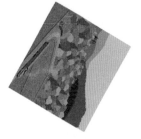

（b）原图　　　　　　（c）镜像后

图 4.18　角度镜像

4.2.5 | 比例缩放图形

　　使用比例缩放工具可以对选中的图形进行缩放操作。先使用选择工具选中需要缩放的图形，然后在工具栏中选中缩放工具 ，将鼠标指针置于图形的边缘，按住鼠标左键并向内或向外拖动，即可缩小或放大图形。若需要精确缩放图形，可以双击比例缩放工具的图标，然后在弹出的对话框中设置相关参数，如图4.19所示。

图 4.19　"比例缩放"对话框

　　等比：选中该选项，在其后的输入框中可以输入等比缩放的百分比。

　　不等比：选中该选项，可以在"水平"和"垂直"输入框中输入百分比。

　　缩放圆角：勾选该选项，在缩放带有圆角的图形时，可以同步缩放圆角。

　　比例缩放描边和效果：勾选该选项，缩放图形时可以同步缩放描边和效果。

　　预览：勾选该选项，可以查看缩放的效果。

　　复制：单击该按钮，可以复制出按比例缩放的图形。

　　在Illustrator中，除了可以使用比例缩放工具对选中的图形进行缩放外，还可以直接使用选择工具对图形进行缩放。先使用选择工具选中需要缩放的图形，然后将鼠标指针置于定界框的一个角上，按住鼠标左键并向内或向外拖动即可。若需要等比例缩放，可以在按住【Shift】键的同时按住鼠标左键拖动；若需要中心等比例缩放，可以按住快捷键【Shift+Alt】。

4.2.6 | 倾斜图形

　　使用倾斜工具可以对选中的图形进行倾斜操作。先使用选择工具选中需要倾斜的图形，然后在工具栏中长按比例缩放工具的图标，在弹出的工具列表中选中倾斜工具 ，再将鼠标指针置于选中图形的角或边上，按住鼠标左键并拖曳即可，如图4.20所示。

（a）原图　　　　　　（b）倾斜后

图 4.20　倾斜图形

　　若需要精确的倾斜角度，可以在选中倾斜对象的前提下，双击倾斜工具的图标，在弹出的"倾斜"对话框中设置相关参数，如图4.21所示。

图 4.21　"倾斜"对话框

　　倾斜角度：可以在输入框中输入倾斜的角度，取值范围为-360°～360°。

　　水平：选中该选项，可以使选中的图形水平倾斜。

　　垂直：选中该选项，可以使选中的图形垂直倾斜。

　　角度：可以在输入框中输入倾斜轴的角度，使图形以此为轴进行倾斜，取值范围为-360°～360°。

　　预览：选中该选项，可以预览倾斜的效果。

　　复制：单击该按钮，可以复制出倾斜的图形。

4.2.7 | 变换图形

　　在Illustrator中，可以通过分别变换命令、变换面板、自由变换工具组对选中的对象进行变换操作，下面详细讲解这些变换方式。

① **分别变换命令**

使用分别变换命令可以使选中的图形进行相应的变换。首先使用选择工具选中需要变换的图形，然后执行"对象→变换→分别变换"命令（快捷键为【Shift+Ctrl+Alt+C】），在弹出的"分别变换"对话框中设置相关参数，如图4.22所示。

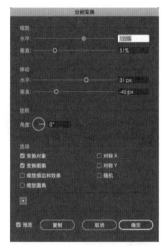

图4.22 "分别变换"对话框

缩放：可以设置水平和垂直变换的百分比，即执行变换时选中对象在水平和垂直方向的缩放百分比。百分比的最大值和最小值分别为200%和0%。

移动：控制选中对象的移动位置，水平和垂直两项参数决定了图形在水平和垂直两个方向上移动的距离。当水平参数为正值时，图形在水平方向上向右移动；当垂直参数为正值时，图形在垂直方向上向上移动。

旋转：可以设置旋转的角度。

缩放描边和效果：勾选该选项，可以使图形的描边和效果与图形同步缩放。

缩放圆角：勾选该选项，可以使图形的圆角与图形同步缩放。

随机：勾选该选项，可以使图形无规律地缩放、移动、旋转。

复制：单击该按钮，可以复制出变换后的图形。

打开一个文件，使用选择工具选中需要变换的图形，然后执行"对象→变换→分别变换"命令，在弹出的对话框中设置相关参数，单击"确

定"按钮即可，如图4.23所示。

（a）参数设置

（b）原图 　　　　（c）变换后

图4.23 分别变换命令

② **变换面板**

4.2.3节讲解旋转方法时，已经提及变换面板，利用变换面板也可以实现其他变换操作。使用选择工具选中需要变换的图形，然后执行"窗口→变换"命令，打开变换面板，在面板中可以设置相关参数，如图4.24所示。

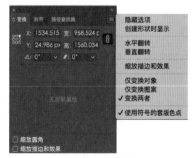

图4.24 变换面板

X/Y：可以设置选中对象在x轴和y轴上的坐标值，改变参数即可改变选中对象的位置。

宽/高：可以设置所选对象的宽度和高度，从

而改变其大小，按下右侧的 按钮，即可锁定宽高比例。

旋转 ◢：可以旋转选中的对象，在后面的输入框中输入旋转角度或单击下拉按钮 ▼ 设置旋转的角度。

倾斜 ▱：可以使选中的对象产生倾斜，在后面的输入框中输入倾斜角度或单击下拉按钮 ▼ 设置倾斜的角度。

水平翻转：单击变换面板右上方的 ▤ 按钮，然后在列表中选择"水平翻转"选项，即可使选中的图形进行水平翻转。

垂直翻转：选择"垂直翻转"选项，即可使选中的图形进行垂直翻转。

③ **自由变换工具组**

使用自由变换工具组可以对图形进行多种变换操作，包括缩放、旋转、倾斜、透视等。在工具栏中选中自由变换工具组 ▦（快捷键为【E】），即可查看自由变换工具组中的工具，包括自由变换工具 ▦、透视扭曲工具 ▣、自由扭曲工具 ▣。

使用自由变换工具可以对选中的对象进行缩放、旋转操作，使用透视扭曲工具可以对选中的对象进行透视操作，使用自由扭曲工具可以对选中的对象进行扭曲操作，如图4.25所示。

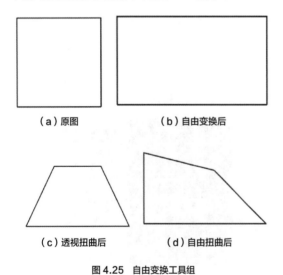

（a）原图　　　　　　（b）自由变换后

（c）透视扭曲后　　　（d）自由扭曲后

图4.25　自由变换工具组

④ **再次变换**

在执行完某种变换操作后，可能需要对这一操作进行重复，此时可以执行"对象→变换→再

次变换"命令，或按快捷键【Ctrl+D】。

使用选择工具选中需要进行变换的图形，然后选中旋转工具，将旋转中心点定位于图形最下方的锚点处，将鼠标指针置于旋转中心点上，按住【Alt】键的同时，单击鼠标左键，在弹出的对话框中设置旋转的角度，然后单击"复制"按钮，即可得到复制的旋转后的图形，然后再按快捷键【Ctrl+D】，即可重复前一步的变换操作，如图4.26所示。

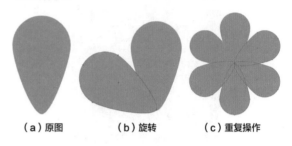

（a）原图　　　（b）旋转　　　（c）重复操作

图4.26　再次变换

随学随练

使用形状工具和钢笔工具绘制完图形后，可以对图形进行多种样式的变换操作。本案例使用旋转工具和再次变换操作制作窗花效果。

【步骤1】新建画板，文件名为"窗花"，尺寸为1000px×1000px，颜色模式为RGB，如图4.27所示。

【步骤2】选中矩形工具，将鼠标指针置于画板中，单击鼠标左键，在弹出的对话框中设置矩形的宽度和高度分别为1000px，填充色值设置为#F7B459，如图4.28所示。

图4.27　新建画板　　　　　图4.28　新建矩形

【步骤3】选中绘制的矩形，按快捷键【Ctrl+R】调出标尺，建立以画板中心为中点的参考线，然后按快捷键【Ctrl+2】将橙色矩形锁定。

【步骤4】选中椭圆工具，绘制大小为840px×840px的圆，在工具栏的填充与描边工具中设置圆为无填充，描边颜色设置为红色#ED1C24，在工具属性栏中设置描边宽度为20pt，将圆置于画板中央，如图4.29所示。

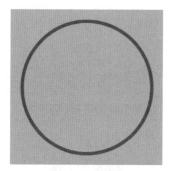

图4.29　绘制圆

【步骤5】选中上一步绘制的圆，按快捷键【Ctrl+C】复制该圆，再按快捷键【Ctrl+F】将其粘贴到顶层；选中复制的圆，在工具栏中双击比例缩放工具图标，在弹出的对话框中选中"等比"，数值设置为72%，单击"确定"；然后将圆的描边宽度设置为40pt，如图4.30所示。

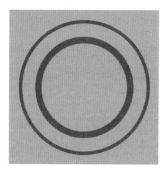

图4.30　复制圆

【步骤6】选中椭圆工具，绘制大小为80px×80px的圆，描边宽度设置为7pt；然后使用钢笔工具绘制一条弧线，描边宽度依然为7pt；选中弧线，在工具栏中选中旋转工具，然后将旋转中心点移动到圆心上，按住快捷键【Shift+Alt】的同时长按鼠标左键拖动鼠标，复制旋转后的弧线；再按快捷键【Ctrl+D】重复旋转复制的操作，如图4.31所示。

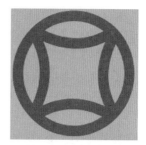

图4.31　绘制点缀图形

【步骤7】将上一步绘制的圆形编组，移动到两个圆的夹层位置，然后在工具栏中选中旋转工具，将旋转中心点移动到圆心，按住【Alt】键的同时按住鼠标左键并拖动，复制选中的图形，如图4.32（a）所示，按快捷键【Ctrl+D】重复旋转复制的操作，如图4.32（b）所示。

（a）旋转复制一次

（b）重复操作

图4.32　旋转复制

【步骤8】选中文字工具，输入"福"字，调整文字大小和字体（示例字体为李旭科书法，其他合适的毛笔字体也可），文字色值设置为#ED1C24，如图4.33所示。

【步骤9】使用椭圆工具绘制合适大小的圆，使用文字工具输入"岁"字；选中文字，执行

"对象→扩展"命令，勾选"对象"和"填充"选项，单击"确定"按钮，将文字转换为图形；同时选中圆和文字，执行"窗口→对齐"命令，选中"水平居中对齐"和"垂直居中对齐"；然后执行"窗口→路径查找器"命令，单击■按钮减去顶层，如图4.34所示。

【步骤10】复制上一步制作的图形，修改文字，如图4.35所示。

【步骤11】绘制点缀的花朵和树叶，最终效果图如图4.36所示。

图4.33　添加文字

图4.35　制作更多文字效果

图4.34　制作"岁"字效果

图4.36　最终效果图

4.3　特殊编辑

上一节详细讲解了常规编辑方法，在Illustrator中，还可以对选中的图形进行其他的操作，如排列、对齐与分布、编组与解组、隐藏与显示、锁定与解锁等。本节将详细讲解这些操作。

4.3.1　改变图形排列顺序

在Illustrator中，后绘制的图形会覆盖先绘制的图形，若需要将被覆盖的图形完全显示，可以通过调整图形排列顺序来实现。使用选择工具选中需要改变排列位置的图形，然后执行"对象→排列"命令，可以看到置于顶层、前移一层、后移一层、置于底层四种选项，如图4.37所示。

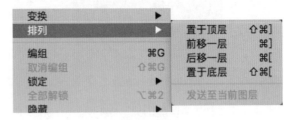

图4.37　排列

选择"置于顶层"可以将选中的图形置于画板中所有图形的顶层，选择"前移一层"可以将选中的图形顺序向上移动一层，"后移一层"是将选中的图形顺序向下移动一层，"置于底层"是将选中图形置于画板中所有图形的底层，如图4.38所示。

（a）原图　　　（b）置于顶层

（c）上移一层

图4.38　修改图层顺序

（a）原图

（b）对齐后

图4.40　水平左对齐

4.3.2 | 对齐与分布

在Illustrator中，可以对多个图形进行对齐和分布操作，从而使选中的对象以一边对齐，或者使它们的间距相等。本节将详细讲解对齐与分布的相关操作。

① 对齐

使用钢笔工具或形状工具绘制完图形后，若要让这些图形以一边对齐，可以使用对齐命令来实现。使用选择工具选中需要对齐的对象，然后执行"窗口→对齐"命令，在弹出的面板中设置对齐的方式即可，如图4.39所示。值得注意的是，选中对象后，在工具属性栏中也可以选择对齐的方式。

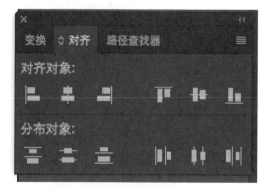

图4.39　对齐面板

水平左对齐■：单击该按钮，可以使选中的图形左边缘对齐，如图4.40所示。

水平居中对齐■：单击该按钮，可以使选中的图形水平居中对齐，如图4.41所示。

（a）原图

（b）对齐后

图4.41　水平居中对齐

水平右对齐 ▤：单击该按钮，可以使选中的图形右边缘对齐，如图4.42所示。

垂直居中对齐 ▥：单击该按钮，可以使选中的图形垂直居中对齐，如图4.44所示。

（a）原图

（a）原图

（b）对齐后

图4.42　水平右对齐

（b）对齐后

图4.44　垂直居中对齐

垂直顶对齐 ▥：单击该按钮，可以使选中的图形顶边对齐，如图4.43所示。

垂直底对齐 ▥：单击该按钮，可以使选中的图形底边对齐，如图4.45所示。

（a）原图

（a）原图

（b）对齐后

图4.43　垂直顶对齐

（b）对齐后

图4.45　垂直底对齐

② 分布

使用钢笔工具或形状工具绘制完图形后,可以让这些图形按照一定的规则均匀分布。使用选择工具选中需要分布的对象,然后执行"窗口→对齐"命令,在对齐面板中设置分布的方式即可,如图4.46所示。值得注意的是,进行分布操作的前提是选中至少3个图形,选中对象后,在工具属性栏中也可以选择分布的方式。

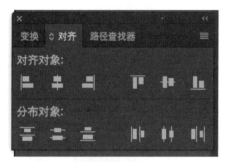

图 4.46 对齐面板

垂直顶分布 ：单击该按钮,可以使选中对象的顶部在垂直方向上距离相等,如图4.47所示。

（a）原图

（b）分布后

图 4.47 垂直顶分布

垂直居中分布 ：单击该按钮,可以使选中对象的中心点在垂直方向上距离相等,如图4.48所示。

（a）原图

（b）分布后

图 4.48 垂直居中分布

垂直底分布 ：单击该按钮,可以使选中对象的底部在垂直方向上距离相等,如图4.49所示。

（a）原图

（b）分布后

图 4.49 垂直底分布

水平左分布 ：单击该按钮,可以使选中对象的左边缘在水平方向上距离相等,如图4.50所示。

（a）原图

（b）分布后

图 4.50　水平左分布

水平居中分布![icon]：单击该按钮，可以使选中对象的中心点在水平方向上距离相等，如图4.51所示。

（a）原图

（b）分布后

图 4.51　水平居中分布

水平右分布![icon]：单击该按钮，可以使选中对象的右边缘在水平方向上距离相等，如图4.52所示。

（a）原图

（b）分布后

图 4.52　水平右分布

③　**分布间距**

使用形状工具或钢笔工具绘制完图形后，如果需要指定这些图形的分布间距，可以使用对齐面板中的分布间距功能。分布间距功能通常情况下是隐藏状态，单击对齐面板右上方的![icon]按钮，在列表中选中"显示选项"，即可调出分布间距功能，如图4.53所示。

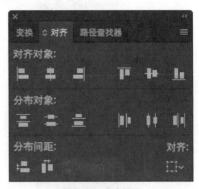

图 4.53　分布间距

垂直分布间距![icon]：选中需要设置分布间距的多个图形，然后单击该按钮，可以使选中图形垂直等距分布，如图4.54所示。值得注意的是，选中多个图形后，再单击这些图形中的某一个图形，然后在对齐面板的"分布间距"后设置具体的数值，即可使这些图形以选中的图形为基准，按照设置的数值进行垂直等距分布。

（a）原图 （b）分布后

图4.54 垂直分布间距

水平分布间距 : 选中需要设置分布间距的多个图形，然后单击该按钮，可以使选中的图形水平等距分布，如图4.55所示。值得注意的是，选中多个图形后，再单击这些图形中的某一个图形，然后在对齐面板的"分布间距"后设置具体的数值，即可使这些图形以选中的图形为基准，按照设置的数值进行水平等距分布。

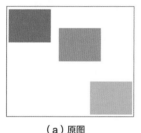

（a）原图 （b）分布后

图4.55 水平分布间距

4.3.3 编组与解组

在日常工作中，办公人员会根据具体的职务分为多个部门，如人力资源部、市场部、行政部、技术部、运营部等，这种分部门的形式有助于高效管理和工作交流。同样，在使用Illustrator绘制图形时，可以对图形进行编组，从而方便管理，例如，可以对需要同时移动或缩放的图形进行编组。若需要单独编辑图形组内的图形，则可以先对图形组进行解组操作。

使用选择工具选中需要进行编组的多个图形，然后执行"对象→编组"命令，或按快捷键【Ctrl+G】，即可将选中的图形编组，编组后的图形可以同时被选中，如图4.56所示。若需要对组内的某个图形进行单独编辑，可以执行"对象→

取消编组"命令或按快捷键【Ctrl+Alt+G】取消编组状态。

图4.56 编组

除了可以使用菜单栏中的命令和快捷键进行编组、解组外，还可以先选中需要编组的图形，然后单击鼠标右键，在弹出的快捷菜单中选中"编组"或"取消编组"即可。

4.3.4 隐藏与显示

在Illustrator中，若文件中的某个图形遮挡了需要编辑的图形，可以将该图形隐藏。首先使用选择工具选中需要隐藏的图形，然后执行"对象→隐藏→所选对象"命令，或按快捷键【Ctrl+3】，即可将选中的对象隐藏，如图4.57所示。

（a）原图 （b）隐藏后

图4.57 隐藏

若需要将隐藏的图形再次显示，可以执行"对象→显示全部"命令，或按快捷键【Ctrl+Alt+3】，即可将文件中的所有图形显示出来。

4.3.5 锁定与解锁

在编辑文件中的图形时，若需要编辑的图形被上层的图形覆盖，那么选中的图形总是上层图形，此时，只要将上层的图形锁定，便可以不选中上层的图形。选中需要锁定的图形，然后执行"对象→锁定→所选对象"命令，或按快捷键【Ctrl+2】即可。将容易误选的图形锁定后，方便选中其他需要编辑的图形。

编辑完成后，可以将锁定的图形解锁。执行"对象→全部解锁"命令，或按快捷键【Ctrl+Alt+2】，即可将文件中的所有图形解锁。

4.4 路径查找器

在 Illustrator 中，使用钢笔工具和形状工具可以绘制图形，搭配路径查找器中的各种功能可以对多个图形进行布尔运算或分割等操作。本节将详细讲解路径查找器中的各种功能的使用方法和特点。

执行"窗口→路径查找器"命令或按快捷键【Ctrl+Shift+F9】，即可调出路径查找器面板，如图4.58所示。在路径查找器面板中可以选择具体的功能。

图 4.58　路径查找器

4.4.1 联集

在路径查找器中使用联集█功能，可以将选中的多个图形合并为一个图形，重合部分的路径和锚点将融合在一起，上层图形的颜色决定联集后的图形颜色，如图4.59所示。

在图4.59（a）中，首先使用选择工具选中需要联集的图形，即小狗身体的两部分，然后执行"窗口→路径查找器"命令，单击█按钮，即可将选中的两个图形合并为一个图形，得到图4.59（b）。

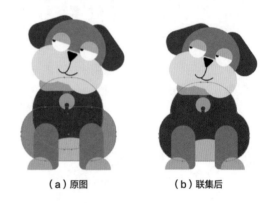

（a）原图　　　　　（b）联集后

图 4.59　联集

4.4.2 减去顶层

使用减去顶层█功能可以在选中的所有图形中的底层图形中减去位于其上的图形，最终图形的颜色取决于底层图形的颜色，如图4.60所示。

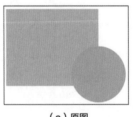

（a）原图　　　　　（b）减去顶层后

图 4.60　减去顶层

4.4.3 交集

使用交集█功能可以保留选中图形的重叠部分，不重叠部分会被删除，最终图形的颜色取决于顶层图形的颜色，如图4.61所示。

（a）原图

（b）交集

图4.61　交集

4.4.4 差集

与交集功能相反，使用差集█功能可以保留所选图形的不重叠部分，重叠部分将被删除，最终图形的颜色取决于顶层图形的颜色，如图4.62所示。

（a）原图

（b）差集

图4.62　差集

4.4.5 分割

使用分割█功能可以对重叠的图形进行分割，分割后得到独立的多个图形，取消编组后可以单独编辑各个图形，分割后的图形的填充和描边保留原来图形的属性，如图4.63所示。

在图4.63（a）中，先使用选择工具选中两个六边形，然后执行"对象→路径查找器"命令，在弹出的路径查找器面板中单击█按钮，然后在要选择的图形上单击鼠标右键，在快捷菜单中选中"取消编组"选项，此后即可选中分割开的独立图形，分别移动橙色和青色的图形，即可得到图4.63（b）。

（a）原图

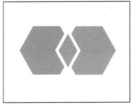
（b）分割后

图4.63　分割

4.4.6 修边

使用修边█功能可以将底层图形上与其他图层的图形重叠的区域删除，描边也同时被删除。先选中需要进行修边操作的多个图形，然后选择路径查找器中的修边功能，取消编组后，可以对每个图形进行编辑，如图4.64所示。

（a）原图

（b）修边后

图4.64　修边

4.4.7 合并

使用合并█功能可以将选中的图形合并在一起，合并后的图形会删除描边，底层图形会删除与上层图形的重叠部分。执行合并操作后，单击鼠标右键，在快捷菜单中选中"取消编组"选项，即可对图形进行单独编辑，如图4.65所示。

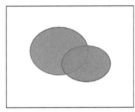
（a）原图

（b）合并后

图4.65　合并

4.4.8 裁剪

裁剪█功能的作用类似于蒙版。上层图形作为显示区域，下层图形是显示的内容，与上层重叠的部分会被显示，不重叠部分会被删除，最后图形的颜色与下层图形的颜色一致，如图4.66所示。

在图4.66（a）中，先使用选择工具选中上层的圆和下层的图形，然后单击路径查找器中的█按钮，即可得到图4.66（b）。

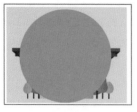
（a）原图

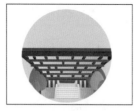
（b）裁剪后

图 4.66　裁剪

4.4.9 | 轮廓

使用轮廓功能可以将选中的对象转换为轮廓。先选中需要转换为轮廓的对象，然后单击路径查找器中的◻按钮即可，如图4.67所示。

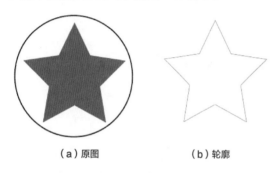

（a）原图　　　　　　（b）轮廓

图 4.67　轮廓

4.4.10 | 减去后方对象

单击◻按钮，可以使顶层的图形减去下面的所有图形，保留顶层图形不重叠区域的填充和描边，如图4.68所示。

（a）原图

图 4.68　减去后方对象

（b）减去后方对象

图 4.68　减去后方对象（续）

　随学随练

在 Illustrator 中，使用路径查找器可以对选中的多个图形进行联集、减去顶层、交集、差集、分割、修边等操作，从而绘制多种多样的不规则形状，本案例结合形状工具和路径查找器绘制小猴卡通形象。

【步骤1】新建画板，文件名为"小猴"，尺寸为1000px×1000px、颜色模式为RGB，如图4.69所示。

【步骤2】选中矩形工具，绘制大小为1000px×1000px的矩形，填充色值为FCA7DB；将矩形置于画板中心，如图4.70所示。

图 4.69　新建画板　　　　图 4.70　绘制矩形

【步骤3】选中圆角矩形工具，按住鼠标左键并拖动，绘制一个圆角矩形，再向内拖动圆角矩形内部的小白点，增大圆角度数，然后将圆角矩形的填充色值设置为#4B200F，如图4.71所示。

【步骤4】选中椭圆工具，绘制一个圆，填充色值设置为#E2B385；复制该圆，然后再绘制一个椭圆，填充色值与圆一样，如图4.72所示。

图 4.71 绘制圆角矩形　　　图 4.72 绘制脸部

【步骤5】选中钢笔工具，绘制小猴的头发，如图4.73所示。

【步骤6】选中椭圆工具，按住快捷键【Shift +Alt】的同时按住鼠标左键并拖动，绘制圆，将填充设置为无填充，描边色值设置为#4B200F，描边宽度设置为1pt；然后再绘制圆作为小猴的眼珠，填充色值设置为#4B200F；再次绘制圆，填充颜色设置为白色；同时选中三个圆，按快捷键【Ctrl+G】将选中的图形编组，选中选择工具，按住【Alt】键的同时按住鼠标左键拖动，复制该图形组，并调整复制后的白色小圆位置，如图4.74所示。

图 4.73 绘制头发　　　图 4.74 绘制眼睛

【步骤7】使用钢笔工具绘制眉毛，填充设置为无填充，描边色值设置为#4B200F，描边宽度设置为2pt；选中椭圆工具，绘制一个椭圆，再选中直接选择工具，对椭圆的锚点进行编辑，使该椭圆变成月牙状，作为小猴的嘴巴，如图4.75所示。

【步骤8】使用矩形工具绘制三个小矩形，填充为白色，描边色值设置为#4B200F，描边宽度

设置为1pt，同时选中绘制的三个小矩形，按快捷键【Ctrl+G】将其编组；选中嘴巴的图形，按快捷键【Ctrl+C】和【Ctrl+F】，复制该图形；同时选中矩形组和复制的嘴巴图形，执行"窗口→路径查找器"命令，单击分割按钮，然后取消编组，删除多余的图形，如图4.76所示。

【步骤9】使用椭圆工具绘制椭圆作为小猴的耳朵，使用直接选择工具调整部分锚点，填充色值设置为#4B200F；选中镜像工具，按住【Alt】键的同时单击鼠标左键，在弹出的对话框中勾选"垂直"，单击"复制"按钮，如图4.77所示。

【步骤10】使用椭圆工具绘制一个椭圆，填充色值设置为#E2B385；然后选中矩形工具，绘制一个矩形；同时选中两个图形，在路径查找器中单击减去顶层按钮，如图4.78所示。

图 4.75 绘制眉毛和嘴巴　　　图 4.76 绘制牙齿

图 4.77 绘制耳朵　　　图 4.78 绘制耳朵细节

【步骤11】使用椭圆工具绘制264px×168px的椭圆，填充色值设置为#61B449；然后绘制一个矩形，同时选中两个图形，在路径查找器中单击减去顶层按钮，调整图层顺序，如图4.79所示。

【步骤12】绘制300px×23px的矩形，填充颜色为白色；复制上一步绘制的形状，同时选中两者，在路径查找器中单击交集按钮；同样的方法，绘制斗篷的红色条纹，如图4.80所示。

图 4.79　绘制斗篷

图 4.80　绘制条纹

【步骤 13】使用圆角矩形工具绘制小猴的身体，填充色值设置为#4B200F，适当调整圆角大小，调整图层顺序，如图 4.81 所示。

【步骤 14】使用圆角矩形工具绘制肩带，填充色值设置为#9BD5E0；再使用椭圆工具绘制纽扣，填充色值设置为#32A2AB，描边颜色设置为黑色；将二者编组，并调整图层顺序，复制该组移动到另一侧，如图 4.82 所示。

图 4.81　绘制身体

图 4.82　绘制肩带

【步骤 15】使用矩形工具搭配直接选择工具绘制小猴的衣服，填充色值设置为#77B7C1，如图 4.83 所示。

【步骤 16】使用圆角矩形工具搭配路径查找器绘制衣服口袋，填充色值设置为#339FAA，描边颜色设置为黑色；再绘制小猴的脚，如图 4.84 所示。

图 4.83　绘制衣服

图 4.84　绘制口袋和脚

【步骤 17】使用螺旋线工具绘制小猴的尾巴，在绘制的过程中可以按【↓】键减少螺旋线的圈数；对绘制的螺旋线进行镜像和旋转操作，描边色值设置为#4B200F，描边宽度设置为6pt，最终效果图如图 4.85 所示。

图 4.85　最终效果图

4.5　本章小结

本章主要介绍了在Illustrator中编辑图形的多种方法，包括常规编辑方法、特殊编辑方法和路径查找器的用法。通过本章的学习，读者能够熟练掌握图形编辑的相关操作方法，但还应反复练习。

4.6　习题

1. 填空题

（1）在Illustrator中，魔棒工具的快捷键是_____。

（2）在Illustrator中，套索工具的快捷键是_____。

（3）在Illustrator中，镜像工具的快捷键是_____。

（4）在Illustrator中，旋转工具的快捷键是_____。

（5）在Illustrator中，对选择的多个对象进行编组的快捷键是_____。

2. 选择题

（1）在Illustrator中，隐藏选中对象的快捷键是（　　　），显示全部对象的快捷键是（　　　）。

    A. Ctrl+2　　　　　　　B. Ctrl+3　　　　　　　C. Ctrl+Alt+2　　　　D. Ctrl+Alt+3

（2）在Illustrator中，锁定选中对象的快捷键是（　　　），解锁锁定的对象的快捷键是（　　　）。

    A. Ctrl+2　　　　　　　B. Ctrl+3　　　　　　　C. Ctrl+Alt+2　　　　D. Ctrl+Alt+3

（3）在Illustrator中，调出路径查找器面板的快捷键是（　　　）。

    A. Ctrl+Alt+F9　　　　B. Ctrl+9　　　　　　　C. Ctrl+F9　　　　　　D. Ctrl+Shift+F9

（4）使用路径查找器中的（　　　）功能，可以保留选中图形的重叠部分。

    A. 联集　　　　　　　　B. 交集　　　　　　　　C. 合并　　　　　　　　D. 差集

（5）在Illustrator中，再次变换的快捷键为（　　　）。

    A. Ctrl+D　　　　　　　B. Ctrl+E　　　　　　　C. Ctrl+F　　　　　　　D. Ctrl+W

3. 思考题

（1）简述镜像工具的用途。

（2）简述分割功能的作用。

4. 操作题

在Illustrator中使用路径查找器中的多种功能制作图4.86所示奥运五环图。

图 4.86　题图

第 5 章

填充与描边

在现实生活中，绘画通常分为构建线框和填色两部分。同样，使用 Illustrator 绘制作品时，也要先用绘图工具和图形编辑工具绘制出图形的基本轮廓，然后对这些图形进行填充或描边操作，从而使作品具有绚丽的色彩。本章将详细讲解填充与描边的相关知识。

本章学习目标

- 熟练掌握图形的填充与描边的设置方法
- 掌握拾色器工具和渐变工具的使用方法
- 熟悉实时上色工具和网格工具的使用方法
- 认识图案填充的基本操作

5.1 填充颜色

在Illustrator中，可以通过多种途径为图形填色，如"拾色器"对话框、色板面板、颜色面板、吸管工具等，选择合适的方法可以高效地进行填色。本节将详细讲解这些方法。

5.1.1 基本操作

Illustrator工具栏最下方有两个颜色框，左上角的正方形代表填充，右下角的挖空的正方形代表描边，可以通过按钮和快捷键切换填充和描边的颜色，在这两个颜色框下方可以选择填充和描边的类型，如纯色、渐变和无，如图5.1所示。

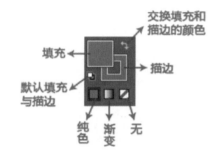

图 5.1 填充与描边

填充：双击该色块，可以在拾色器中设置填充的颜色。

描边：双击该色块，可以在拾色器中设置描边的颜色。

纯色：选中该按钮，填充或描边的颜色为纯色。

渐变：选中该按钮，填充或描边的颜色为渐变色，并可以设置渐变的颜色（后面会详细讲解设置方法）。

无：选中该按钮，设置为无填充或无描边。

交换填充和描边的颜色：单击该按钮，可以将填充和描边的颜色互换，若填充和描边有一项为"无"，单击该按钮，也可以进行互换。使用快捷键【Shift+X】也可以交换二者的颜色。

默认填充与描边：单击该按钮，可以将填充和描边的颜色设置为默认颜色，填充的默认颜色为白色，描边的默认颜色为黑色。按快捷键【D】也可将填充和描边颜色恢复默认。

5.1.2 拾色器

双击工具栏下方的填充或描边色块，即可调出"拾色器"对话框，在该对话框中可以设置填充或描边的颜色，如图5.2所示。

图 5.2 "拾色器"对话框

在"拾色器"对话框中，可以将滑块在中间的颜色条上滑动，从而确定基本色，然后在左侧的颜色框中选择具体的颜色。选中一个颜色后，右侧会显示相应的色值。若需要精确定义颜色，可以在十六进制输入框中输入颜色的十六进制色值，或者在RGB输入框或CMYK输入框中输入相关参数。

5.1.3 色板面板

在Illustrator中，除了可以使用拾色器设置图形的填充颜色之外，还可以使用色板面板修改图形的填充颜色。执行"窗口→色板"命令，可以打开色板面板，如图5.3所示。

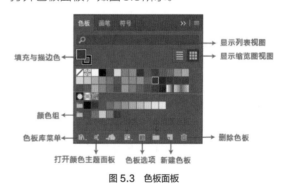

图 5.3 色板面板

填充与描边色：与工具栏中的填充与描边色块保持同步，双击色块可以改变填充和描边的颜色。

显示列表视图：单击该按钮，可以将颜色按列表形式显示，并且会显示颜色的名称。

显示缩览图视图：单击该按钮，可以将颜色按缩览图形式显示。

色板库菜单：单击该按钮，可以在列表中选择软件自带的色板。

显示色板类型菜单：单击该按钮，可以在列表中选择需要显示的色板类型，包括显示所有色板、显示颜色色板、显示渐变色板、显示图案色板、显示颜色组。

色板选项：单击该按钮，可以打开"色板选项"对话框，在该对话框中可以修改色板名称、颜色类型、颜色模式、色值，如图5.4所示。

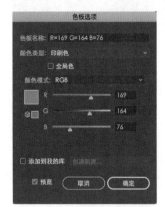

图 5.4　"色板选项"对话框

新建颜色组：单击该按钮，可以创建一个新的颜色组。

新建色板：单击该按钮，可以调出"新建色板"对话框，该对话框的参数设置项目与"色板选项"对话框一样，可以在该对话框中设置色板名称、颜色类型、颜色模式、色值等。

删除色板：单击该按钮，可以将选中的色板删除。

5.1.4　颜色面板

在颜色面板中也可以设置填充和描边颜色，执行"窗口→颜色"命令或按【F6】键即可调出颜色面板，如图5.5所示。在该面板中，左上角有三个颜色框，单击第一个颜色框，会使填充或描边变为无填充或无描边；单击第二个颜色框，可以将填充或描边颜色设置为黑色；单击第三个颜色框，可以将填充或描边颜色设置为白色。将鼠标指针置于该面板中的颜色光谱条上并单击，即可修改选中图形的颜色。

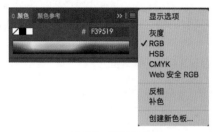

图 5.5　颜色面板

单击颜色面板右上角的 按钮，可以修改颜色模式，如灰度、RGB、HSB、CMYK等，也可在选中"反相""补色"后，单击某一颜色模式。在该列表中选择"创建新色板"，可以在对话框中设置具体的色值，如图5.6所示。

图 5.6　"新建色板"对话框

5.1.5　吸管工具

在Illustrator中，可以使用吸管工具将一个图形上的颜色直接运用到另一个图形上，从而节省调色的时间。先使用选择工具选中需要变换颜色的图形，然后在工具栏中选中吸管工具 （快捷键为【I】），将鼠标指针置于需要吸取颜色的图形上，单击即可将吸取的颜色应用到选中的图形上，如图5.7所示。

值得注意的是，使用吸管工具可以替换选中对象的填充和描边颜色。当选中对象和目标图形都有填充色和描边色时，若需要替换选中图形的填充颜色和描边颜色，可以直接使用吸管工具单击目标图形；若只需要替换选中图形的填充颜色，可在按住【Shift】键的同时单击目标图形。

　　双击工具栏中的吸管工具图标 ，会弹出"吸管选项"对话框，如图5.8所示。从吸管选项可以看出，使用吸管工具不仅可以吸取填充色和描边色及其不透明度，也可以吸取目标对象的字符样式、段落样式。若不需要吸取目标对象的某些属性，可以在吸管选项中取消这些属性。

（c）最终效果

图 5.7　吸管工具（续）

（a）选中对象

（b）吸取颜色

图 5.7　吸管工具

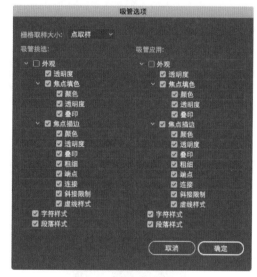

图 5.8　"吸管选项"对话框

5.2　渐变填色

　　在Illustrator中，可以将图形的颜色填充为任意的渐变色，从而丰富图形的色彩，也可利用渐变色绘制逼真的效果。使用渐变工具可以编辑渐变的相关参数，包括渐变的颜色、方向、类型等。本节将详细讲解渐变工具和渐变面板的使用。

5.2.1　渐变工具

　　在工具栏中单击渐变工具的图标 ■（快捷键为【G】），即可选中渐变工具。在选中图形对象的

前提下，选中渐变工具，在工具属性栏中选择渐变样式，然后将鼠标指针置于画板上，按住鼠标左键并拖动，即可对选中图形进行渐变填色，渐变方向与鼠标移动方向一致，如图5.9所示。

　　当使用渐变工具进行渐变填色时，若不出现图5.9（b）中的控制线（渐变批注），可以执行"视图→显示渐变批注者"命令，显示该控制线。通过编辑渐变批注，可以修改渐变的样式：双击渐变批注上的色标，可以修改渐变的颜色；拖动

色标的位置，可以改变渐变的颜色分布；改变渐变批注的长度，可以修改渐变的过渡。

（a）选中图形

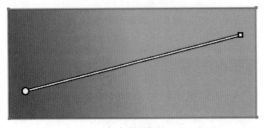

（b）拖动渐变

图 5.9　渐变工具

5.2.2　渐变面板

使用渐变面板可以修改渐变的类型、颜色、角度等。双击工具栏中的渐变工具图标，或者执行"窗口→渐变"命令（快捷键为【Ctrl+F9】），可以调出渐变面板，如图 5.10 所示。

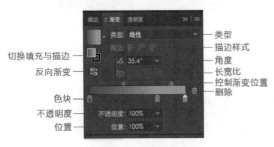

图 5.10　渐变面板

类型：单击右侧的下拉按钮，可以选择渐变的类型，包括线性和径向。线性渐变是直线渐变，从渐变的起点到终点进行顺序渐变；径向渐变是从渐变的起点到终点的圆形渐变，如图 5.11 所示。

描边样式：使用面板左侧的切换填充与描边按钮选中描边，即可激活描边样式。

角度：可以在输入框中输入渐变的角度，或者在下拉列表中选择预设的角度。当渐变类型设

置为"线性"时，可以通过设置角度改变渐变的走向；当渐变类型设置为"径向"时，更改渐变的角度没有实际效果。

（a）线性渐变　　　　（b）径向渐变

图 5.11　渐变类型

长宽比：当渐变类型设置为"径向"时，该功能会被激活。在输入框中输入百分比参数或者在下拉列表中选择预设的参数值，可以改变径向渐变的形状，如图 5.12 所示。

（a）50%

（b）100%

（c）200%

图 5.12　长宽比

渐变条：拖动渐变条下方的色标可以改变颜色的位置；双击色标即可修改该色标代表的颜色；移动渐变条上方的菱形，可以改变颜色的混合位置。如果要增加下方的色标，可以将鼠标指针置于渐变条下方，单击鼠标左键来添加一个色标。如果需要复制某个色标，可以先选中该色标，然后在按住【Alt】键的同时按住鼠标左键并拖动即可。

删除：单击该按钮，可以删除选中的色标。也可以先选中色标，然后按住鼠标左键向下方拖曳来删除色标。

反向渐变：单击该按钮，可以反转渐变颜色的填充顺序，如图5.13所示。

（a）原渐变　　　　　（b）反向后

图5.13　反向渐变

不透明度/位置：选中某个色标，可以设置该颜色的不透明度和渐变的位置。

5.2.3 保存渐变

在渐变面板中将渐变样式设置完成后，可以对该渐变进行保存，以便下次重复使用。保存渐变的方法是：先在渐变面板中设置完渐变样式（不关闭渐变面板），然后执行"窗口→色板"命令，在色板面板中单击■按钮，在弹出的"新建色板"对话框中设置色板的名称，然后单击"确定"按钮即可。若需要将保存的渐变色板运用到其他图形中，只需先选中目标图形，然后执行"窗口→色板"命令，在色板面板中单击先前保存的渐变色板即可。

 随学随练

使用形状工具和钢笔工具绘制完图形后，搭

配渐变工具可以用渐变色填充这些图形，从而绘制色彩丰富的作品。本案例使用渐变工具和渐变面板制作绚丽的插画效果。

【步骤1】新建画板，文件名为"插画"，尺寸为1334px×750px，颜色模式为RGB，如图5.14所示。

图5.14　新建画板

【步骤2】选中矩形工具，绘制大小为1334px×750px的矩形，移动该矩形，使矩形与画板重合。使用选择工具选中该矩形，双击渐变工具图标，在渐变面板中设置渐变类型为"线性"，设置渐变角度为"-90°"，设置渐变色值为#58CAFE和#C8F1FC（从左至右），如图5.15所示。

图5.15　设置渐变

【步骤3】在工具栏中选中钢笔工具，绘制不规则闭合图形。在工具栏中双击渐变工具图标，设置渐变色值为#DAEFE3和#5DBAA9（从左至右），设置渐变角度为"-106°"，调整渐变条上方的菱形位置，如图5.16所示。

选中锚点调整三角形的形状，设置三角形填充色值为#36A5A7；使用矩形工具绘制树干，渐变色值设置为#009EE9（不透明度设置为0%）和#007194，如图5.19（a）所示。使用同样的方法，绘制其他的树与树干，如图5.19（b）所示。

图5.16 绘制山丘（1）

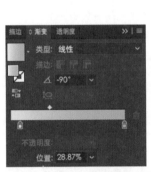

图5.18 绘制山丘（3）

【步骤4】使用钢笔工具绘制另一个山丘，然后按快捷键【Ctrl+[】将该图形下移一层。在渐变窗口中修改左侧色标色值为#DAEFE3，移动色标位置，渐变角度设置为"-90°"，如图5.17所示。

图5.17 绘制山丘（2）

（a）绘制一棵树　　　　（b）绘制更多的树

图5.19 绘制树林

【步骤7】选中椭圆工具，按住快捷键【Shift+Alt】的同时拖动鼠标，绘制圆，将填充颜色设置为白色，不透明度设置为60%；复制该圆并等比例放大，降低不透明度，重复该操作，如图5.20所示。

【步骤5】绘制第三个山丘，按两次快捷键【Ctrl+[】将该图形下移两层，在上一步设置的渐变参数的基础上，向右移动渐变条上方的菱形，如图5.18所示。

【步骤8】选中椭圆工具绘制圆，并将这些圆合并，然后使用渐变工具设置白色到白色透明的渐变，如图5.21所示。

【步骤6】选中多边形工具，绘制的过程中按【↓】键，绘制三角形，使用直接选择工具

图 5.20 绘制太阳

图 5.21 绘制云朵

5.3 渐变网格

使用渐变工具只能制作线性和径向两种类型的渐变，若需要绘制多方向、多颜色的渐变效果，可以使用网格工具来完成。通过编辑渐变网格上的网格点，可以修改渐变的颜色、方向，从而使渐变更加多元，本节将详细讲解三种创建渐变网格的方法。

5.3.1 网格工具

单击工具栏中的网格工具图标▨（快捷键为【U】），即可选中网格工具。在选中目标图形的前提下，选中网格工具，将鼠标指针移动到目标图形的内部，单击鼠标左键即可建立一条网格线，网格线的初始走向通常与图形的外轮廓平行，网格线上会自动添加一定数量的网格点，通过编辑这些网格点，可以设置渐变效果，如图5.22所示。

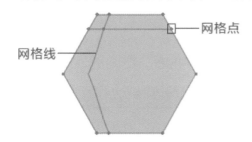

图 5.22 创建渐变网格

使用网格工具选中网格线上的网格点，通过调整网格点的控制手柄可以调节网格线的走向，也可以移动网格点的位置。使用网格工具选中网格点后，执行"窗口→颜色"命令（快捷键为【F6】），单击颜色面板中的色彩条，可以将网格点填充为选中的颜色，并产生渐变效果，如图5.23所示。填充颜色后，仍然可以调整网格点的控制手柄，从而更改渐变的方向。

图 5.23 设置颜色

创建渐变网格后，可以对渐变网格上的网格点进行新增、删除、移动等操作。在选中网格工具的前提下，将鼠标指针置于网格线上并单击鼠标左键，可以新增网格点，同时生成一条与此网格线相交的网格线，如图5.24（a）所示。在选中网格工具的前提下，将鼠标指针置于网格线上，按住【Alt】键的同时单击鼠标左键，即可将该网格点及其网格线删除，如图5.24（b）所示。

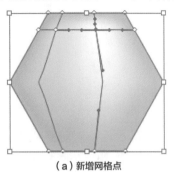

（a）新增网格点

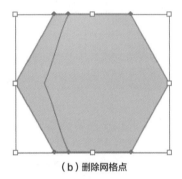

（b）删除网格点

图5.24　新增／删除网格点

5.3.2 "创建渐变网格"命令

使用选择工具选中需要创建渐变网格的图形，执行"对象→创建渐变网格"命令，可以在"创建渐变网格"对话框中设置网格的行数、列数、外观、高光等，如图5.25所示。设置好相关参数后，单击"确定"按钮即可。

图5.25　"创建渐变网格"对话框

行数：用来设置横向的网格数量。
列数：用来设置纵向的网格数量。

外观：用来控制渐变网格的高光位置，单击右侧的下拉按钮，可以选择外观样式，包括至中心、平淡色、至边缘。三种样式的效果如图5.26所示。

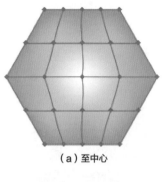

（a）至中心

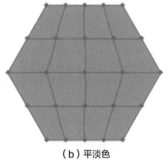

（b）平淡色

（c）至边缘

图5.26　外观

高光：在输入框中可以输入高光的不透明度参数。

使用"创建渐变网格"命令创建好渐变网格后，可以搭配网格工具对网格点进行再次编辑，如移动、删除网格点，调整网格点的控制手柄等。

5.3.3 为渐变网格填色

使用网格工具或"创建渐变网格"命令创建渐变网格后，需要为网格点和网格单元填充颜色，从而使图形具有绚丽的渐变效果。选中网格点或网格单元后，可以使用色板面板、颜色面板、吸管工具完成颜色的设置。

① 使用色板面板设置颜色

使用网格工具选中网格点，或者使用直接选择工具选中一部分网格单元，然后执行"窗口→色板"命令，在色板面板中选择色板即可，如图5.27所示。当色板面板中没有合适的预设色板时，可以单击色板面板中的 按钮，然后在"新建色板"对话框中设置具体的颜色。

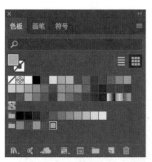

图 5.27 使用色板设置颜色

② 使用颜色面板设置颜色

选中网格点或网格单元后，执行"窗口→颜色"命令，或按快捷键【F6】，在颜色面板的色彩条上单击，即可为选中的网格点或网格单元填充颜色，如图5.28所示。

图 5.28 使用颜色面板设置颜色

③ 使用吸管工具设置颜色

选中网格点或网格单元后，在工具栏中选中吸管工具 ，然后用吸管吸取画板中其他图形的填充颜色，即可将选中的网格点或者网格单元填

充为吸取的颜色，如图5.29所示。

（a）目标颜色 　　　　（b）改色后

图 5.29 使用吸管工具设置颜色

 随学随练

使用网格工具或"创建渐变网格"命令可以为选中的对象填充多种颜色、多个方向的渐变色。本案例使用网格工具搭配形状工具绘制丰富多彩的渐变背景。

【步骤1】新建画板，文件名为"渐变网格"，尺寸为550px×350px，颜色模式为RGB，如图5.30所示。

图 5.30 新建画板

【步骤2】双击矩形工具，在对话框中设置矩形的长度和宽度分别为550px、350px，填充色值设置为#1D1A49；使用选择工具调整矩形的位置，按快捷键【Ctrl+3】锁定该矩形，如图5.31所示。

【步骤3】选中椭圆工具，绘制合适大小的椭圆，填充色值设置为#141FAF；使用直接选择工具调整部分锚点，如图5.32所示。

图 5.31　绘制矩形

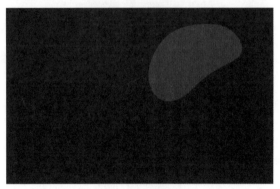

图 5.32　修改椭圆

【步骤 4】使用选择工具选中步骤 3 绘制的图形，在工具栏中选中网格工具，将鼠标指针置于图形的中间位置，单击建立一条网格线，如图 5.33 所示。

图 5.33　建立渐变网格

【步骤 5】选中直接选择工具，再选中图形下侧边缘的几个锚点，按快捷键【F6】调出颜色面板，将色值设置为 #FF2A41，选中右上角的几个锚点，将色值设置为 #2AFFE7，选中剩余的左侧锚点，将色值设置为 #FF15A1，如图 5.34 所示。

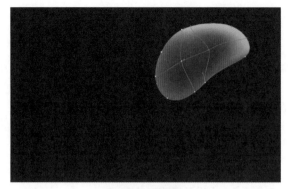

图 5.34　设置颜色

【步骤 6】复制绘制的不规则图形，调整大小和位置，使用旋转工具适当旋转角度，如图 5.35 所示。

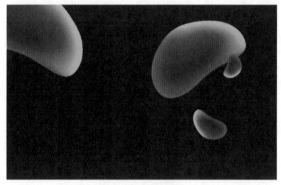

图 5.35　复制图形

【步骤 7】再次复制步骤 5 中绘制的图形，使用直接选择工具编辑图形的形状，然后调整图形的大小、位置和方向，如图 5.36 所示。

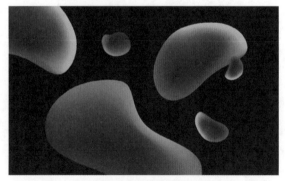

图 5.36　继续复制图形

【步骤 8】选中矩形工具，绘制宽度和高度分别为 240px 和 150px 的矩形，将填充设置为无填充，描边颜色设置为白色，描边宽度设置为 4pt；使用选择工具选中该图形，然后使用钢笔工具在底边上添加两个锚点，使用直接选择工具选中新添加的两个锚点之间的路径，按【Delete】键删除，如图5.37所示。

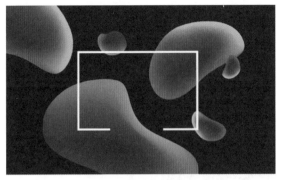

图 5.37　绘制并修改矩形

【步骤9】选中文字工具，输入"BEAUTY COLOR"，调整文字的大小、间距，设置文字颜色为白色；再使用文字工具输入"QIAN FENG"，如图5.38所示。

图 5.38　添加文字

5.4 填充图案

在Illustrator中，不仅可以为图形填充纯色或渐变色，还可以为图形填充图案。可以选择Illustrator自带的图案，也可以自定义。本章将详细讲解图案填充和自定义图案的方法。

5.4.1 填充预设图案

Illustrator自带有几种预设的图案，可以直接将这些预设图案填充到目标图形中。先使用选择工具选中目标图形，然后执行"窗口→色板"命令，单击色板面板左下角的色板库菜单，在菜单中选择"图案"，如图5.39所示。

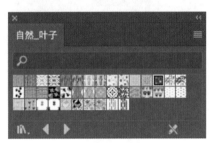

（a）选择图案

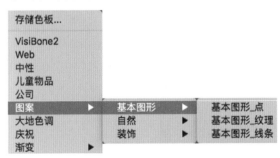

图 5.39　图案

在图案的二级菜单中，选择一组图案，在该图案组中再选择一种图案，即可为选中的图形填充该图案，如图5.40所示。

（b）填充图案

图 5.40　填充预设图案

5.4.2 自定义图案

Illustrator中预设的图案样式有限，我们还可以将绘制的图形定义为图案，以便重复使用。先使用形状工具、钢笔工具等绘制一个图案，将该图案中的所有图形编组；然后执行"窗口→色板"命令，或者按快捷键【F6】；再选中该图形组，按住鼠标左键将其拖动到色板面板中即可，如图5.41所示。自定义图案创建完成后，可以将该图案运用到其他图形中。

除了可以直接将图形拖动到色板中进行保存以外，还可以执行"对象→图案→建立"命令，将绘制的图形保存为图案。执行该命令后，可以在弹出的面板中设置图案的相关参数，如图案的名称、拼贴类型、宽度、高度、重叠、份数等，如图5.42所示。

5.4.3 编辑图案

使用色板为选中图形填充预定图案后，可以对图案进行编辑。首先使用选择工具选中填充的图案，然后双击工具栏中的旋转工具图标，在弹出的对话框中不勾选"变换对象"，并勾选"变换图案"，可以在不旋转图形的前提下，对填充的图案进行旋转，如图5.43所示。

使用镜像工具、比例缩放工具、倾斜工具等对图形中的填充图案进行编辑时，方法与使用旋转工具相同。

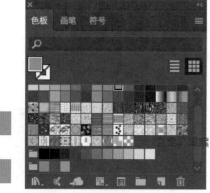

图5.41 自定义图案

图5.42 图案选项面板

图5.43 "旋转"对话框

5.5 实时上色工具

在Illustrator中，可以使用实时上色工具对线框图进行统一上色，该工具可以辨认线框的相交区域，然后分别对这些区域进行填色操作，摆脱了上下层的重叠关系。本节将详细讲解实时上色工具的使用方法。

5.5.1 创建实时上色组

在使用实时上色工具对线框路径和路径交叉后形成的区域进行填色之前，需要先将这些路径转换为实时上色组。按快捷键【Ctrl+A】全选路径，或者使用选择工具框选需要进行填色的路径，然后执行"对象→实时上色→建立"命令即可。

创建完成实时上色组后，在工具栏中选中实时上色工具（快捷键为【K】），然后按【F6】

键，在颜色面板中选择一种颜色，再将鼠标指针移动至实时上色组中的某个区域，单击鼠标左键即可将选中的颜色填充到该区域，如图5.44所示。如果需要将多个区域填充为一种颜色，可以在颜色面板中设置颜色，然后依次单击这些区域。

图5.44 实时上色工具

以上讲解了对路径围成的区域进行填色的操作步骤，使用实时上色工具还可以对路径进行描边操作。双击实时上色工具，在弹出的"实时上色工具选项"对话框中，勾选"描边上色"一项，如图5.45（a）所示。在工具栏中选中实时上色选择工具 （快捷键为【Shift+L】），将鼠标指针置于实时上色组的路径上，单击选中该路径，然后在颜色面板中设置描边颜色，即可对选中的路径进行描边操作，如图5.45（b）所示。使用实时上色选择工具也可以选中路径的交叉区域，然后对其填色。

（a）"实时上色工具选项"对话框

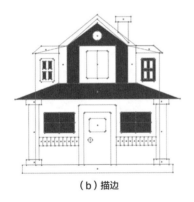

（b）描边

图 5.45　描边上色

5.5.2 | 编辑实时上色组

创建实时上色组后，可以对实时上色组进行编辑，如编辑锚点或路径、新增路径、释放实时上色组等。接下来详细讲解这些操作。

① 编辑锚点或路径

创建完成实时上色组后，可以通过直接选择工具编辑实时上色组中的锚点和路径，如移动、删除等。锚点或路径被再次编辑后，颜色的填充区域也会随着发生变化，如图5.46所示。

（a）原图　　　　　　　　（b）移动锚点后

图 5.46　编辑实时上色组

② 新增路径

创建完成实时上色组后，还可以在实时上色组中添加路径。使用钢笔工具或者形状工具绘制新路径，然后使用选择工具同时选中新路径和实时上色组，执行"对象→实时上色→合并"命令，即可将新路径合并到实时上色组中，如图5.47所示。

（a）全选　　　　　　　　（b）填色

图 5.47　新增路径

③ 释放实时上色组

通过释放实时上色组，可以将其变成普通路径。释放实时上色组后，图形将变为无填充状态，描边路径和未描边路径统一重新描边，描边宽度为0.5pt，颜色为黑色。使用选择工具选中实时上色组，然后执行"对象→实时上色→释放"命令，即可将选中的实时上色组释放，如图5.48所示。

5.5.3 | 扩展实时上色组

使用选择工具选中实时上色组后，执行"对

（a）实时上色组

（b）释放后

图5.48　释放实时上色组

象→实时上色→扩展"命令，可以将实时上色组转变为由多个图形组成的图像。这些图形默认处在编组状态下，单击鼠标右键，在快捷菜单中选中"取消编组"（多次执行该动作），这些图形即可恢复独立。

5.5.4　封闭间隙

若实时上色组中的路径没有闭合，当未闭合的间隙过大时，实时上色组中的未闭合区域无法填充颜色；当未闭合的间隙很小时，可以使用实

时上色工具为该区域填色。如果需要封闭这些间隙，可以执行"对象→实时上色→间隙选项"命令，在弹出的"间隙选项"对话框中设置间隙的填充颜色，如图5.49所示。

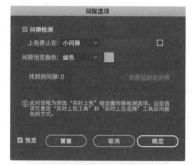

图5.49　"间隙选项"对话框

间隙检测：勾选该项，Illustrator可以自动识别实时上色组中的间隙。

上色停止在：单击右侧的下拉按钮，可以选择颜色不能渗入的间隙大小。

间隙预览颜色：单击右侧的下拉按钮，可以选择间隙的预览颜色。

用路径封闭间隙：单击该按钮，可以将实时上色组中的间隙用未上色的路径进行封闭，由于这些路径没有上色，所以表面上看路径仍然有间隙。

5.6　路径描边

在Illustrator中，可以对路径填充颜色，同样，也可以对路径进行描边。使用工具属性栏或者描边面板，可以设置描边的颜色、宽度、样式等，本节将详细讲解路径描边的添加方法。

5.6.1　描边工具

前面已经讲解了工具栏中的填充与描边工具，双击描边色块，可以在弹出的"拾色器"对话框中设置描边的颜色，使用工具属性栏可以设置更多的描边属性，如图5.50所示。

图5.50　工具属性栏

填充：单击下拉按钮，可以在弹出的面板中

设置选中路径的填充颜色。

描边：单击下拉按钮，可以在弹出的面板中设置选中路径的描边颜色。

描边宽度：单击中的向上箭头，可以使描边的线条变粗，单击中的向下箭头，可以使描边的线条变细。也可以直接在后面的输入框中输入描边宽度。

变量宽度配置文件：单击下拉按钮，可以在列表中选择描边的样式，如图5.51所示。

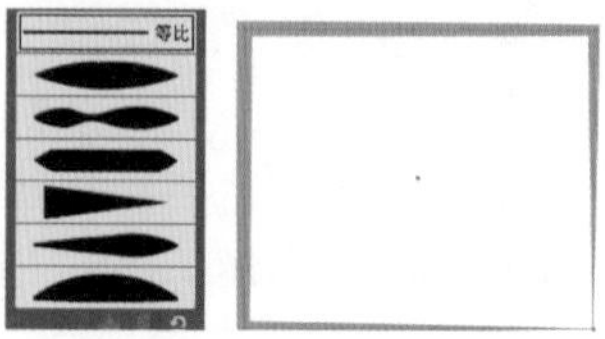

图5.51　变量宽度配置文件

画笔定义：单击下拉按钮，可以在弹出的面板中选择描边的画笔样式，如图5.52所示。

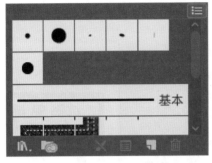

图5.52 画笔定义

不透明度：在输入框中输入数值，可以设置填充颜色和描边颜色的不透明度。

5.6.2 描边面板

为路径添加描边时，可以设置描边的样式。使用描边工具属性栏可以设置描边的颜色、宽度等，使用描边面板可以对描边样式进行更详细的设置，如端点、边角、对齐描边、箭头等。选中一条路径，然后执行"窗口→描边"命令，或按快捷键【F10】，可以调出描边面板，如图5.53所示。

图5.53 描边面板

粗细：单击向上或向下按钮可以调节描边的宽度，也可在输入框中输入具体的参数。

端点：用来设置开放路径的描边端点样式。单击平头端点按钮 ，路径描边将在终端锚点处结束，如图5.54（a）所示；单击圆头端点按钮 ，路径描边在终端锚点处呈半圆形效果，如图5.54（b）所示；单击方头端点按钮 ，路径描边在终端锚点处将向外延长，如图5.54（c）所示。

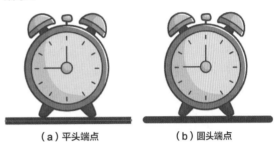

（a）平头端点　　　　　　（b）圆头端点

（c）方头端点

图5.54 端点

边角：用来设置多边形路径描边边角处的连接样式。单击斜接连接按钮 ，边角将呈直角，如图5.55（a）所示；单击圆角连接按钮 ，边角将呈圆角，如图5.55（b）所示；单击斜角连接按钮 ，边角将呈斜角，如图5.55（c）所示。

（a）斜接连接　　　　　　（b）圆角连接

图5.55 边角

（c）斜角连接

图 5.55　边角（续）

对齐描边：如果路径是闭合的，可以设置描边的对齐方式。单击居中对齐按钮██，可以使描边与路径居中对齐，如图5.56（a）所示；单击内侧对齐按钮██，可以使描边与路径的内侧对齐，如图5.56（b）所示；单击外侧对齐按钮██，可以使描边与路径的外侧对齐，如图5.56（c）所示。

虚线：勾选该项，可以在下方的"间隙"和"虚线"输入框中输入参数，如图5.57所示。"间隙"控制虚线间隙的长度，"虚线"控制虚线线段的长度。

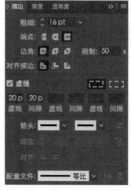

图 5.57　虚线

箭头：单击下拉按钮，可以设置路径描边两端的箭头样式；选中箭头样式后，可以在下方输入缩放参数，调节箭头的大小，如图5.58所示。

图 5.58　箭头

（a）居中对齐　　　　　（b）内侧对齐

（c）外侧对齐

图 5.56　对齐描边

5.7　本章小结

本章主要介绍了在Illustrator中进行填充与描边的方法，包括颜色填充与描边、渐变填色、渐变网格、图案填充、实时上色。读者应熟练掌握填充与描边的多个方法，并反复练习这些工具和命令的使用。

5.8 习题

1. 填空题

（1）在Illustrator中，实时上色工具的快捷键是＿＿＿＿＿＿＿＿。

（2）在Illustrator中，调出颜色面板的快捷键是＿＿＿＿＿＿＿＿。

（3）在Illustrator中，吸管工具的快捷键是＿＿＿＿＿＿＿＿。

（4）在Illustrator中，渐变工具的快捷键是＿＿＿＿＿＿＿＿。

（5）在Illustrator中，网格工具的快捷键是＿＿＿＿＿＿＿＿。

2. 选择题

（1）在Illustrator中，交换工具栏下方的填充色和描边色的快捷键是（　　）。

    A. Shift+X　　　　　　B. D　　　　　　C. X　　　　　　D. Ctrl+X

（2）在Illustrator中，渐变命令的快捷键是（　　）。

    A. Shift+F6　　　　　B. Ctrl+F6　　　C. Shift+F9　　　D. Ctrl+F9

（3）在Illustrator中，网格工具的快捷键是（　　）。

    A. U　　　　　　　　B. W　　　　　　C. Y　　　　　　D. X

（4）实时上色选择工具的快捷键是（　　）。

    A. Shift+L　　　　　B. Shift+K　　　C. Shift+Ctrl+L　D. Ctrl+L

（5）调出描边面板的快捷键是（　　）。

    A. F10　　　　　　　B. F9　　　　　　C. F3　　　　　　D. F6

3. 思考题

（1）简述使用渐变网格填色的基本步骤。

（2）简述实时上色工具的使用方法。

4. 操作题

利用实时上色工具为路径上色，如图5.59所示。

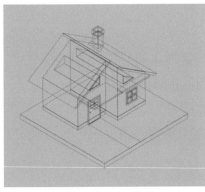
（a）上色前

（b）上色后

图5.59　为路径上色

第 6 章

高级图形编辑

使用 Illustrator 中的工具和命令可以对图形进行灵活的变换操作，如变形工具组、封套扭曲命令等。除此以外，还可以通过混合工具使两个或多个图形产生过渡效果，通过图像描摹将置入的位图转换为矢量图。本章将详细讲解这些工具和命令。

本章学习目标

- 掌握编辑形状的变形工具组的使用方法
- 掌握建立封套扭曲的多种方法
- 了解混合的基本操作
- 掌握图像描摹的基本操作方法

6.1 变形工具组

任何图形都是由规则图形、不规则图形组成的，使用变形工具组可以对这些图形进行变形操作，从而丰富图形的样式。变形工具组包括宽度工具、变形工具、旋转扭曲工具、收缩工具、膨胀工具、扇贝工具、晶格化工具、皱褶工具，如图6.1所示。本节将详细讲解这些工具的使用方法。

图6.1 变形工具组

6.1.1 宽度工具

使用宽度工具 可以加宽路径描边。在工具栏中选中宽度工具，或者按快捷键【Shift+W】，然后将鼠标指针置于路径上的任何一处，按住鼠标左键并拖动，即可将路径的描边加宽，如图6.2所示。

（a）原图 （b）加宽后

图6.2 宽度工具

值得注意的是，宽度工具只适用于描边，如果绘制的图形无描边，则不能使用宽度工具。使用宽度工具可以加宽或收窄路径描边的任何部位，也可以轻松制作左右对称的图形。

6.1.2 变形工具

使用变形工具 （快捷键为【Shift+R】）可以对选中图形进行比较灵活的变形操作。先选中需要进行变形操作的图形，然后在工具栏中选中变形工具，将鼠标指针置于画板上，按住鼠标左键并拖动，即可对图形进行变形操作，如图6.3所示。

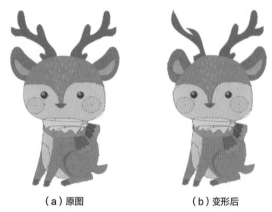

（a）原图 （b）变形后

图6.3 变形工具

在选中变形工具后，如果画笔的大小需要调整，可以双击变形工具的图标，然后在弹出的"变形工具选项"对话框中设置画笔尺寸、变形选项等，如图6.4所示。

图6.4 变形工具选项

宽度/高度：在输入框中输入数值，或者在下拉列表中选择预设的数值，可以设置画笔大小。

角度：用来设置使用变形工具时画笔的方向。

强度：用来设置扭曲的强度，数值越大，变形的速度越快。

细节：用来设置引入对象轮廓的各点的间距，数值越大，间距越小。

简化：用来减少锚点的数量，但不会影响图形的整体外观。

重置：单击该按钮，可以将参数恢复为默认值。

6.1.3 旋转扭曲工具

使用旋转扭曲工具 可以使选中的图形产生旋涡状的变形效果。首先使用选择工具选中图形，然后在工具栏中选中旋转扭曲工具，将鼠标指针置于图形上，按住鼠标左键并拖动，即可使图形发生旋转扭曲，如图6.5所示。

（a）原图　　　　　　（b）旋转扭曲后

图6.5　旋转扭曲工具

在工具栏中双击旋转扭曲工具的图标，可以在弹出的"旋转扭曲工具选项"对话框中设置画笔尺寸等，该对话框与"变形工具选项"对话框类似，如图6.6所示。

图6.6　旋转扭曲工具选项

6.1.4 收缩工具

使用收缩工具 可以使图形产生收缩效果。首先选中目标图形，然后在工具栏中选中收缩工具，将鼠标指针置于画板上，按住鼠标左键向内或向外拖动，即可使选中图形产生收缩变化，如图6.7所示。

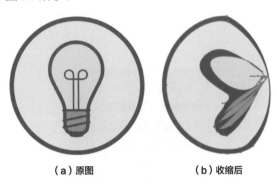

（a）原图　　　　　　（b）收缩后

图6.7　收缩工具

双击收缩工具的图标，在弹出的"收缩工具选项"对话框中可以设置画笔尺寸等，如图6.8所示。各项参数的作用与变形工具选项中的一样，在此不再赘述。

图6.8　收缩工具选项

6.1.5 膨胀工具

使用膨胀工具 可以使选中的图形发生与收缩相反的变化。首先选中目标图形，然后将鼠标指针置于图形上，按住鼠标左键并拖动，即可使图形发生膨胀变化，如图6.9所示。

双击膨胀工具的图标，可以在弹出的"膨胀工具选项"对话框中设置画笔尺寸等，在此不再赘述。

（a）原图　　　　　（b）膨胀后

图6.9　膨胀工具

6.1.6 │ 扇贝工具

使用扇贝工具[图]可以使选中的图形产生随机的弓形纹理。选中目标图形，在工具栏中选中扇贝工具，然后将鼠标指针置于图形上，按住鼠标左键并拖曳，即可使图形产生弓形纹理，如图6.10所示。

（a）原图

（b）变形后

图6.10　扇贝工具

双击扇贝工具的图标，可以在"扇贝工具选项"对话框中设置画笔尺寸等，在此不再赘述。

6.1.7 │ 晶格化工具

使用晶格化工具[图]可以在选中图形的边缘创建齿轮状的细节。值得注意的是，使用该工具编辑图形时，可以不选中目标图形，直接将鼠标指针置于图形边缘，单击鼠标左键或按住鼠标左键拖动即可，如图6.11所示。

（a）原图

（b）晶格化后

图6.11　晶格化工具

双击晶格化工具的图标，可以在"晶格化工具选项"对话框中设置画笔尺寸等，在此不再赘述。

6.1.8 │ 皱褶工具

使用皱褶工具[图]可以使图形产生类似皱褶的纹理，与晶格化工具一样，该工具也不需要选中目标图形，可以直接对图形进行变形操作。先在工具栏中选中皱褶工具，然后单击鼠标左键或按住鼠标左键拖动即可，如图6.12所示。

双击皱褶工具的图标，可以在弹出的"皱褶工具选项"对话框中设置相关参数。

（a）原图

（b）变形后

图 6.12　皱褶工具

6.2　封套扭曲

封套扭曲可以使图形产生灵活的变形，从而达到预期的效果。进行封套扭曲操作的方式有三种，包括用变形建立封套扭曲、用网格建立封套扭曲、用顶层对象建立封套扭曲。本节将详细讲解这三种方法和后续的编辑操作。

6.2.1　用变形建立封套扭曲

在 Illustrator 中，可以按照预设的形状对图形进行变形操作。先使用选择工具选中需要变形的图形，然后执行"对象→封套扭曲→用变形建立"命令，在"变形选项"对话框中可以设置变形的样式、弯曲程度等，如图 6.13 所示。

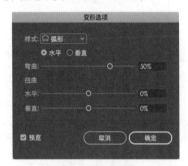

图 6.13　变形选项

样式：单击下拉按钮，可以在列表中选择变形的预设样式，如弧形、拱形、凸出、旗形、鱼眼、膨胀等 15 种形式，如图 6.14 所示。

水平/垂直：用来设置变形的方向。选中"水平"选项，可以使图形发生水平方向的变形；选中"垂直"选项，可以使图形发生垂直方向的变形，如图 6.15 所示。

（a）原图

（b）弧形

（c）下弧形

图 6.14　变形样式

（a）下弧形（水平）

图 6.15　水平 / 垂直

（b）下弧形（垂直）

图 6.15 水平 / 垂直（续）

弯曲：拖动控制条上的滑块，可以设置变形的弯曲程度、弯曲方向。参数数值越大，弯曲的程度越大，如图 6.16 所示。

（a）旗形（-50%）

（b）旗形（50%）

图 6.16 弯曲

扭曲：用来设置变形的扭曲程度和扭曲方向，其下有"水平"和"垂直"两项。调整"水平"的参数值，可以使变形偏向水平方向；调整"垂直"的参数值，可以使变形偏向垂直方向，如图 6.17 所示。

（a）膨胀（水平 -50%）

图 6.17 扭曲

（b）膨胀（水平 50%）

图 6.17 扭曲（续）

6.2.2 用网格建立封套扭曲

用网格建立封套扭曲，是在选中的对象上创建网格，然后通过调整网格上的网格点来更加灵活地使对象变形。首先使用选择工具选中需要变形的对象，执行"对象→封套扭曲→用网格建立"命令，然后在弹出的"封套网格"对话框中设置网格的行数和列数，如图 6.18 所示。

图 6.18 封套网格

行数：用来设置封套网格的行数。

列数：用来设置封套网格的列数。

预览：勾选该项，可以预览封套网格的效果。

创建完封套网格后，还可以使用网格工具新增网格。选中直接选择工具，然后单击以选中封套网格上的网格点，按住鼠标左键并拖动，使选中的对象变形，如图 6.19 所示。

（a）创建网格　　　（b）移动网格点

图 6.19 编辑封套网格

值得注意的是，封套网格创建后，可以更改网格的行数和列数。使用选择工具选中图形，执行"对象→封套网格→用网格重置"命令，可以在弹出的"重置封套网格"对话框中重新设置封套网格的行数和列数，如图6.20所示。

图6.20　重置封套网格

6.2.3　用顶层对象建立封套扭曲

用顶层对象建立封套扭曲，可以将下层的图形扭曲为上层图形的形状。首先调整两个图形的相对位置，确保上层图形具备目标形状，下层图形是内容。使用选择工具同时选中这两个图形，执行"对象→封套扭曲→用顶层对象建立"命令，即可将下层图形变形为上层图形的形状，如图6.21所示。

（a）原图　　　　　　（b）变形后

图6.21　顶层封套扭曲

6.2.4　扩展封套扭曲

封套扭曲创建完成后，不易对封套扭曲的对象进行再次编辑，此时，可以将封套扭曲对象进行扩展，从而将该对象转变为常规图形。首先使用选择工具选中封套扭曲图形，然后执行"对象→封套扭曲→扩展"命令即可，如图6.22所示。

（a）封套扭曲图形

（b）扩展后

图6.22　扩展封套扭曲

6.2.5　释放封套扭曲

当不需要封套扭曲时，可以将创建的封套扭曲释放。使用选择工具选中封套扭曲图形，执行"对象→封套扭曲→释放"命令，即可将封套扭曲释放。释放封套扭曲后，会自动生成一个浅色的封套形状的图形，选中该浅色图形进行删除即可，如图6.23所示。

（a）封套扭曲图形　　　　　　　　（b）释放后

图6.23　释放封套扭曲

随学随练

在Illustrator中，使用封套扭曲可以使图像产生变形。本案例使用封套扭曲命令制作扭曲的波浪文字效果。

【步骤1】新建画板，文件名为"波浪文字"，尺寸为1000px×1400px，颜色模式为RGB，如图6.24所示。

图6.24 新建画板

【步骤2】选中矩形工具，绘制尺寸为1000px×1400px的矩形，将填充色值设置为#F24416，按快捷键【Ctrl+2】将矩形锁定，如图6.25所示。

【步骤3】选中矩形工具绘制尺寸为1000px×10px的长条状矩形，将其填充为白色；选中长条状矩形，然后执行"效果→扭曲和变换→变换"命令，在对话框中将副本数量设置为69个，垂直间距设置为20px，如图6.26所示。

图6.25 绘制矩形

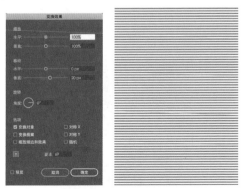

图6.26 绘制长条状矩形并变换

【步骤4】选中绘制的长条状矩形，执行"对象→扩展外观"命令将其扩展，然后执行"窗口→路径查找器"命令，在路径查找器面板中单击联集按钮，将这些图形合并为一个图形。

【步骤5】复制两份上一步创建的图形，将其中一份的填充颜色设置为黑色，如图6.27所示。

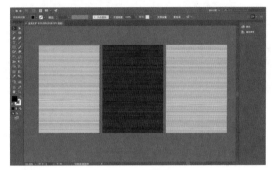

图6.27 复制图形

【步骤6】选中文字工具，输入以下文字，在工具属性栏中设置文字的字体和字号；然后同时选中这三个文字，执行"对象→扩展"命令，将文字转换为图形，再次调整文字的大小，如图6.28所示。

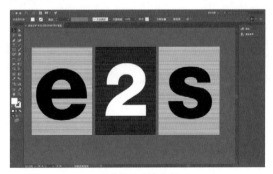

图6.28 创建文字

【步骤7】同时选中条纹和其上层的文字，按快捷键【Ctrl+7】创建剪切蒙版，如图6.29所示。

图6.29 创建剪切蒙版

【步骤8】在工具栏中选中选择工具，选中这三个图像，调整它们的位置，如图6.30所示。

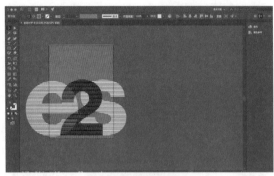

图6.30　调整图像位置

【步骤9】同时选中三个图像，然后执行"对象→封套扭曲→用网格建立"命令，将行数和列数都设置为4；在工具栏中选中网格工具新建网格线，如图6.31所示。

图6.31　创建网格

【步骤10】在工具栏中选中直接选择工具，选中需要调整的网格点，调整这些网格的位置，如图6.32所示。

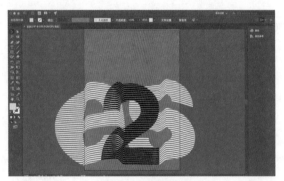

图6.32　调整网格点

【步骤11】选中图像，执行"对象→扩展"命令，将封套扭曲图像转换为常规图像，对图像进

行旋转操作并调整大小，如图6.33所示。

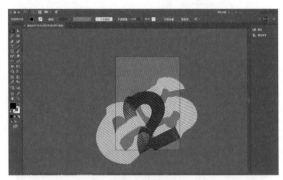

图6.33　旋转

【步骤12】按快捷键【Ctrl+Alt+2】将背景图像锁定，原位复制背景图层并置于顶层，同时选中下层图像和上层背景，按快捷键【Ctrl+7】创建剪切蒙版，如图6.34所示。

图6.34　创建剪切蒙版

【步骤13】在工具栏中选中圆角矩形工具，绘制一个圆角矩形，调整其位置、角度、圆角，将填充颜色设置为背景色，再添加其他的元素，最终效果图如图6.35所示。

图6.35　最终效果图

6.3 混合图形

使用混合工具或混合命令可以使两个或两个以上的图形之间产生颜色或形状的平滑过渡效果。在Illustrator中可以将文字、路径、图形等进行混合，从而得到具有立体效果的图像。本章将详细讲解混合工具和混合命令的使用。

6.3.1 创建混合

在Illustrator中，可以使用工具栏中的混合工具 （快捷键为【W】）创建混合对象，也可以通过执行"对象→混合→建立"命令进行创建。接下来讲解创建混合的基本步骤。

打开两个图形，将两个图形置于同一画板上，并调整两个图形的相对位置。使用选择工具同时选中这两个图形，双击工具栏中的混合工具图标 ，在弹出的"混合选项"对话框中可以设置间距和取向，如图6.36所示。设置好参数后，单击"确定"按钮即可。

图6.36　混合选项

间距：单击右侧的下拉按钮，可以选择混合的样式，如图6.37所示。选中"平滑颜色"选项，Illustrator会根据混合对象的形状和颜色来确定混合的步骤；选中"指定的步数"选项，可以在后方的输入框中输入具体的步数，Illustrator会根据步数确定混合的效果，步数越多，混合后的图形过渡越平滑；选中"指定的距离"选项，可以在后方的输入框中输入具体的距离，软件会根据距离确定混合的效果，距离越小，混合后的图形过渡越平滑。

取向：可以选择"对齐页面"和"对齐路径"两种选项。选中"对齐页面"选项，混合对象中的每一个图形水平对齐；选中"对齐路径"选项，

混合对象中的每一个图形沿路径对齐，如图6.38所示。

图6.37　间距

（a）对齐页面

（b）对齐路径

图6.38　取向

预览：勾选该选项，可以在窗口中预览混合效果。

6.3.2 编辑混合轴

混合对象创建完成后，Illustrator会自动添加一条混合轴。默认情况下，混合轴是一条贯穿图形的直线，使用路径编辑工具可以修改混合轴的形状。

创建完成混合轴后，使用选择工具选中该混合对象，然后执行"窗口→图层"命令，单击"图层1"前的 按钮，再单击图层列表中"混

合"前的 ▶ 按钮，选中下拉列表中的路径，单击
路径图层后的 ○ 按钮，在窗口中就可以观察到混
合轴呈选中状态，此时使用直接选择工具可以修
改路径的走向，如图6.39所示。

（a）图层面板

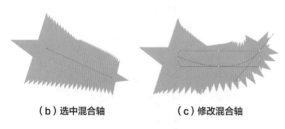

（b）选中混合轴　　　（c）修改混合轴

图6.39　编辑混合轴

　　在图层面板中选中混合轴后，可以使用钢笔
工具在路径上添加锚点，然后使用直接选择工具
调整新增锚点的位置，从而改变混合轴的形状。
另外，还可以使用铅笔工具绘制更加灵活的混合
轴。在选中混合轴的前提下，在工具栏中选中铅
笔工具，将鼠标指针置于混合轴上，按住鼠标左
键并拖曳，混合对象会根据新绘制的混合轴进行
混合，如图6.40所示。

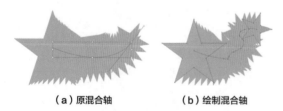

（a）原混合轴　　　　（b）绘制混合轴

图6.40　编辑混合轴

6.3.3 ｜ 替换混合轴

　　上一节讲解了混合轴的编辑方法，除此之外
还可以使用路径绘制工具绘制另外一条路径，以
此路径替换混合对象的混合轴。替换混合轴后，
混合对象会根据新混合轴的走向进行混合。
　　打开一个混合图形，使用钢笔工具绘制一条

路径（无填充，无描边）；利用选择工具同时选中
混合图形和混合轴，然后执行"对象→混合→替
换混合轴"命令，即可用新绘制的混合轴替换原
来的混合轴，如图6.41所示。

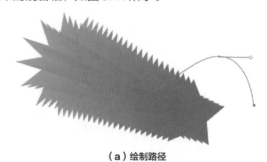

（a）绘制路径

（b）替换后

图6.41　替换混合轴

6.3.4 ｜ 扩展混合对象

　　将两个图形混合后，无法再对其中之一进行
编辑。若要再次编辑混合图形中的任一图形，可
以对混合对象进行扩展。使用选择工具选中混合
图形，然后执行"对象→混合→扩展"命令即可
（也可执行"对象→扩展"命令），扩展后的混合
图形默认为一个图形组合，执行"对象→取消编
组"命令后，即可单独编辑混合图形中的任一图
形，如图6.42所示。

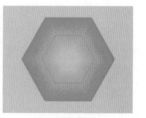

（a）扩展前　　　　　（b）扩展后

图6.42　扩展混合对象

6.3.5 释放混合对象

混合对象创建后，执行"对象→混合→释放"命令，即可对混合对象进行释放，混合对象释放后会自动删除混合生成的图形，如图6.43所示。

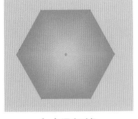
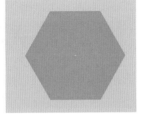

（a）混合对象　　　　　（b）释放后

图6.43　释放混合对象

随学随练

在Illustrator中，通过创建混合可以制作绚丽的效果。本案例通过创建混合制作混合渐变海报。

【步骤1】新建尺寸为A4大小的画板，文件名设置为"渐变海报"，如图6.44所示。

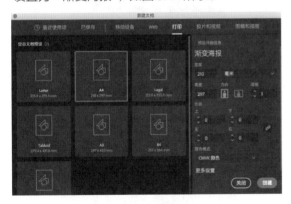

图6.44　新建画板

【步骤2】在工具栏中选中矩形工具，绘制一个小正方形，再绘制一个大正方形；同时选中两个正方形，执行"窗口→对齐"命令，将两个正方形垂直、水平、居中对齐；绘制一个与画板大小一样的矩形，填充色值为#38364E，并将该矩形置于底层，如图6.45所示。

【步骤3】按快捷键【Ctrl+2】锁定背景图层，然后同时选中两个正方形，在工具栏中选中混合工具，先单击大正方形的左上角，再单击小正方形的左上角，两个正方形之间生成第三个正方形，如图6.46所示。

图6.45　绘制矩形　　　**图6.46　创建混合**

【步骤4】双击混合工具图标，在对话框中设置间距为"指定的步数"，步数设置为20，单击"确定"按钮，如图6.47所示。

图6.47　设置混合样式

【步骤5】选中选择工具，双击最小的正方形，然后执行"效果→扭曲和变换→变换"命令，在对话框中设置相关参数，将水平缩放设置为5%，垂直缩放设置为106%，适当设置水平和垂直移动的参数，单击"确定"按钮，如图6.48所示。

【步骤6】打开Photoshop软件，新建A4尺寸的画板，将背景色值设置为#38364E，如图6.49所示。

【步骤7】在Illustrator中选中图像，然后按快捷键【Ctrl+C】复制图像，再打开Photoshop软件，按快捷键【Ctrl+V】将复制的图像粘贴到Photoshop画板中，在粘贴对话框中选中"智能对象"，单击"确定"按钮，如图6.50所示。

图 6.48　扭曲

图 6.49　新建 Photoshop 文件

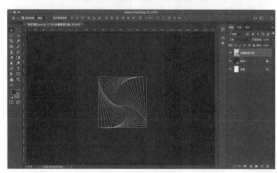

图 6.50　复制图形

【步骤8】在Photoshop图层面板中双击智能图像图层，为该图层添加渐变叠加样式：单击渐变条，在渐变编辑器中设置渐变的颜色，色值分别为#3397F5、#F24586、#F2C9AF，勾选后面的"反向"选项，渐变样式设置为线性，角度设置为-76°，如图6.51所示。

【步骤9】选中矩形工具，绘制一个与画板同样大小的矩形，在Photoshop图层面板中将

矩形置于智能图像的下方，双击该图层，为图层添加渐变样式，颜色的色值设置为#312E49、#613E6F，如图6.52所示。

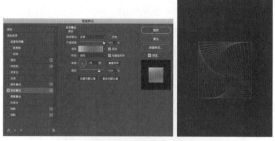

图 6.51　添加图层样式

图 6.52　新建矩形

【步骤10】创建其他点缀元素，最终效果图如图6.53所示。

图 6.53　最终效果图

6.4 图像描摹

在Illustrator中，可以将置入的位图转换为矢量图，从而使之具备可以自由编辑的矢量路径。通过图像描摹可以将图形转化为彩色的矢量图，也可以将图形转化为黑白的矢量图。本节将详细讲解图像描摹的操作步骤。

6.4.1 图像描摹面板

使用图像描摹功能可以将位图转换为多种效果的矢量图。执行"窗口→图像描摹"命令，可以在弹出的图像描摹面板中设置相关参数和选项，如图6.54所示。

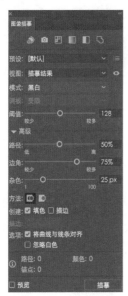

图6.54 图像描摹面板

自动着色 : 单击该按钮，可以对描摹的图像自动添加颜色，如图6.55所示。

（a）原图

图6.55 自动着色

（b）自动着色后

图6.55 自动着色（续）

高色 : 单击该按钮，可以将图像描摹为高色效果，如图6.56所示。

（a）原图

（b）高色

图6.56 高色

低色 : 单击该按钮，可以将图像描摹为低色效果，如图6.57所示。

灰度 : 单击该按钮，可以将描摹的图像转换为灰度图像，如图6.58所示。

黑白 : 单击该按钮，可以将描摹的图像转换为黑白图像，如图6.59所示。

（a）原图

（b）低色

图6.57　低色

（a）原图

（b）灰度

图6.58　灰度

（a）原图

（b）黑白

图6.59　黑白

轮廓 ：单击该按钮，可以将图像转换为轮廓图，如图6.60所示。

（a）原图

（b）轮廓

图6.60　轮廓

预设：单击右侧的下拉按钮，可以在列表中选择预设的描摹效果，包括默认、高保真度照片、低保真度照片、3色、6色、16色、灰阶、黑白徽标、素描图稿、剪影、线稿图、技术绘图，如图6.61所示。每种预设选项的描摹效果都不同，高保真度照片可以最大程度保留原图的颜色、形态信息。

图6.61 预设

视图：默认情况下，窗口中只显示描摹结果，利用"视图"选项，可以选择显示的对象，如描摹结果（带轮廓）、轮廓、轮廓（带源图像）、源图像。读者可以自行观察各选项的视图效果。

模式：用来设置描摹结果的颜色模式，单击右侧的下拉按钮，可以选择三种颜色模式，分别为彩色、灰度、黑白，如图6.62所示。

（a）彩色

（b）灰度

图6.62 模式

（c）黑白

图6.62 模式（续）

调板：指定用于从原始图像生成彩色或灰度描摹结果的调板。

阈值：当模式为"黑白"时，用于设置从原始图像生成黑白描摹结果的阈值，比阈值亮的像素将变为白色，比阈值暗的像素将变为黑色。

路径：控制描摹形状和原始像素形状间的差异，较低的值创建较紧密的路径拟合，较高的值创建较疏松的路径拟合。

边角：值越大则角点越多。

杂色：用于设置图像描摹的忽略区域，数值越大，杂色越少。

除了可以通过执行"窗口→图像描摹"命令将置入的位图转换为矢量图外，还可以在选中置入位图的前提下，在工具属性栏中选择图像描摹的预设效果，然后单击"图像描摹"按钮即可，如图6.63所示。

图6.63 工具属性栏

6.4.2 扩展图像描摹

以上讲解了图像描摹面板中的各种参数的含义和设置效果，对位图进行图像描摹后，还不能对描摹后的图形进行编辑。使用选择工具选中图像后，执行"对象→图像描摹→扩展"命令，将图像扩展为可以编辑的矢量图形，如图6.64所示。

（a）图像描摹

（b）扩展后

图6.64　扩展图像描摹

6.4.3　释放图像描摹

创建图像描摹后，如果需要释放图像描摹，可以使用选择工具选中该描摹对象，然后执行"对象→图像描摹→释放"命令，将描摹对象还原为原图像，如图6.65所示。

（a）图像描摹

（b）释放后

图6.65　释放图像描摹

6.5　本章小结

本章主要讲解Illustrator中的高级图形编辑方法，包括变形工具组、封套扭曲、混合图形和图像描摹。通过本章的学习，读者能够熟练运用Illustrator中的变形工具，对选中的图像进行变形操作，也可以掌握图像描摹方法，使位图转换为可以再次编辑的矢量图。

6.6　习题

1. 填空题

（1）宽度工具的快捷键是＿＿＿＿＿＿，变形工具的快捷键是＿＿＿＿＿＿。

（2）使用＿＿＿＿＿＿可以使图形产生灵活的变形，从而使图形达到预期的变形效果。

（3）混合工具的快捷键为_____。

（4）使用_____命令可以替换混合图形的混合轴。

（5）执行_____命令，可以将位图转换为矢量图。

2. 选择题

（1）建立封套扭曲的方法分为三种，包括（　　　）。（多选）

    A. 用变形建立　　　　　　　　　B. 用网格建立

    C. 用顶层对象建立　　　　　　　D. 变形工具

（2）在Illustrator中，变形工具组中的工具包括（　　　）。（多选）

    A. 宽度工具　　　　　　　　　　B. 变形工具

    C. 旋转扭曲工具　　　　　　　　D. 收缩工具

    E. 膨胀工具　　　　　　　　　　F. 扇贝工具

    G. 皱褶工具

（3）利用图像描摹功能将位图转换为轮廓图后，还需要执行（　　　）命令，从而使图像扩展为可以编辑的矢量图形。

    A. "对象→创建轮廓"　　　　　　B. "对象→图像描摹"

    C. "对象→图像描摹→释放"　　　D. "对象→图像描摹→扩展"

（4）在Illustrator中，用变形建立封套扭曲命令的快捷键是（　　　）。

    A. Shift+Alt+W　　　　　　　　B. Ctrl+Shift+Alt+W

    C. Ctrl+Alt +W　　　　　　　　D. Ctrl+Shift +W

（5）在Illustrator中，用网格建立封套扭曲命令的快捷键是（　　　）。

    A. Shift+Alt+M　　　　　　　　B. Ctrl+Shift+Alt+M

    C. Ctrl+Alt +M　　　　　　　　D. Ctrl+Shift +M

3. 思考题

（1）简述封套扭曲的创建方法。

（2）简述混合图形的创建方法。

4. 操作题

通过图像描摹将位图转换为矢量图，如图6.66所示。

图6.66　位图

第 7 章

添加文字

在一幅设计作品中，文字是不可或缺的元素，文字元素运用得当，可以极大提升设计作品的视觉效果。在 Illustrator 中，可以使用文字工具组中的多种文字工具创建多种类型的文字，利用字符面板可以修改文字的字体、大小等属性。本章将详细讲解文字的相关操作。

本章学习目标

- 熟练掌握各种文字工具的使用方法
- 掌握字符面板中各种参数的设置方法
- 掌握段落样式的设置方法
- 掌握文字的其他高级操作方法

7.1 创建文本

在Illustrator中，可以使用文字工具组中的多种文字工具创建文本，文字类型分为点文字、区域文字和路径文字。使用文字工具和直排文字工具可以创建点文字，使用区域文字工具和直排区域文字工具可以创建区域文字，使用路径文字工具和直排路径文字工具可以创建路径文字，如图7.1所示。

图7.1 文字工具组

7.1.1 创建点文字

使用文字工具和直排文字工具可以创建点文字。点文字都是独立成行的，不会自动换行，当需要换行时，可以按【Enter】键进行换行。单击工具栏中的文字工具图标 **T**（快捷键为【T】），然后再次按住鼠标左键不放，稍等片刻后，可以调出文字工具组。在弹出的工具组中选中文字工具，然后在画板上单击，输入文字即可，如图7.2所示。

图7.2 创建点文字

除了可以使用文字工具创建点文字外，还可以使用直排文字工具创建点文字。在工具栏中选中直排文字工具，然后在画板上单击并输入文字，

可以创建直排点文字，如图7.3所示。

图7.3 创建直排点文字

7.1.2 创建段落文字

使用文字工具和直排文字工具可以创建段落文字，与点文字不同的是，段落文字只显示在特定区域内，并且可以自动换行。在工具栏中选中文字工具或直排文字工具，然后将鼠标指针置于画板中，按住鼠标左键并拖动绘制一个矩形，即可在矩形区域内输入文字，文字只显示在矩形内，如图7.4所示。

（a）横排段落文字

（b）直排段落文字

图7.4 创建段落文字

值得注意的是，当文字字数较多或文字尺寸较大时，矩形可能无法容纳全部文字，此时矩形的底部会出现 ⊞ 标记，此标记代表矩形之外有隐藏的文字。使用选择工具选中矩形，然后将鼠标指针置于矩形的底部，按住鼠标左键并拖动，即可扩大矩形区域，将文字全部显示，如图7.5所示。

（a）原图

（b）扩大文字显示区域后

图7.5　扩大文字显示区域

7.1.3　创建区域文字

使用区域文字工具和直排区域文字工具可以创建区域文字。区域文字工具需要与图形对象搭配使用，才可以创建区域文字。首先使用形状工具或钢笔工具绘制一个图形，然后在文字工具组中选中区域文字工具或直排区域文字工具，将鼠标指针置于图形的路径上，单击鼠标左键后即可输入文字，文字只显示在图形区域内，如图7.6所示。当文字显示不全时，路径上会显示 ⊞ 标记。

（a）区域文字

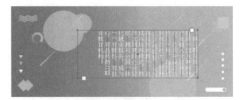

（b）直排区域文字

图7.6　创建区域文字

7.1.4　创建路径文字

使用路径文字工具和直排路径文字工具可以创建路径文字。路径文字是沿着路径的走向排列的文字，路径文字需要与路径搭配。首先使用形状工具或钢笔工具绘制路径，然后在文字工具组中选中路径文字工具或直排路径文字工具，将鼠标指针置于路径上，单击鼠标左键后即可输入文字，如图7.7所示。

（a）路径文字

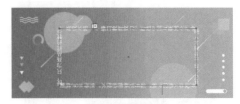

（b）直排路径文字

图7.7　创建路径文字

7.2　设置文字样式

上一节介绍了创建多种类型文字的方法，文字创建完成后，还可以设置文字的样式，如字体、大小、字距、行距等。本章将详细讲解文字样式的设置方法。

7.2.1 文字工具属性栏

使用文字工具组创建文字对象后，可以利用工具属性栏对文字的属性进行设置，如文字的填充色和描边色、不透明度、字体、大小、对齐方式等，如图7.8所示。

图 7.8　文字工具属性栏

填充色：单击下拉按钮，可以调出色板，单击预设的颜色，即可将文字的填充颜色更换为选中的颜色。除了使用工具属性栏调整文字的填充颜色外，还可以双击工具栏下方的填充色块进行颜色设置。

描边色：与填充色一样，单击下拉按钮，可以在色板中选择预设的颜色。双击工具栏下方的描边色块也可以设置描边颜色。

描边宽度：单击 ⬍ 按钮，可以增大或减小描边的宽度，也可直接在右侧的输入框中输入参数。

描边样式：当选中的对象是文字时，描边样式只能为"等比"；将文字转换为图形后，可以将描边设置为其他样式。

不透明度：在输入框中输入参数，或单击右拉按钮并在控制条上拖动滑块，可以设置文字的不透明度。

字体：单击下拉按钮，可以在列表中选择一种字体。

大小：单击 ⬍ 按钮，可以增大或减小文字，也可以在输入框中输入参数。

段落：单击"段落"，可以在弹出的对话框中设置对齐方式、缩进等。

对齐：可以设置文字的对齐方式。

7.2.2 字符面板

文字创建完成后，可以使用工具属性栏设置常用的属性；若需要设置更多的文字属性，如行距、字距等，则可以使用字符面板。选中文字对象，然后在工具属性栏中单击"字符"（快捷键为【Ctrl+T】），也可通过执行"窗口→文字→字符"命令调出字符面板，如图7.9所示。

修饰文字工具：使用该工具可以对文字对象的单个字进行编辑，如移动、缩放、旋转。首先使用选择工具选中文字对象，然后在字符面板中单击"修饰文字工具"按钮，再单击文字对象的某一个字，该字周围出现定界框。将鼠标指针置于定界点上，即可缩放选中的字；将鼠标指针置于定界框上方的白点上，即可对字进行旋转；将鼠标指针置于该字上，按住鼠标左键并拖动，即可移动字的位置，如图7.10所示。

图 7.9　字符面板

（a）原图　　　（b）缩放

（c）旋转

图 7.10　修饰文字工具

字体：单击右侧的下拉按钮，可以在字体列表中选择需要的字体。Illustrator自带一系列字体，用户也可以在网站上下载字体（字体安装文件的后缀为.ttf），双击字体安装包，单击"安装"按钮即可。有些字体包含多种字体样式，单击字体下方输入框右侧的下拉按钮，可以选择该字体下的一种字体样式，如图7.11所示。

图7.11 设置字体样式

大小：单击🔼按钮，可以增大或缩小文字，也可以直接在输入框中输入参数。

设置行距：单击🔼按钮，可以增大或缩小行距，也可以直接在输入框中输入参数。单击右侧的下拉按钮，可以在列表中选择预设的行距。

垂直缩放：用来设置文字在垂直方向上的缩放比例。参数为100%时，文字为正常比例；当参数大于100%时，文字在垂直方向上延伸；当参数小于100%时，文字在垂直方向上压缩，如图7.12所示。

（a）100%

（b）200%

（c）50%

图7.12 垂直缩放

水平缩放：用来设置文字在水平方向上的缩放比例。参数为100%时，文字为正常比例；当参数大于100%时，文字在水平方向上延伸；当参数小于100%时，文字在水平方向上压缩，如图7.13所示。

（a）100%

（b）150%

（c）50%

图7.13 水平缩放

设置字距：单击🔼按钮，可以增大或缩小字距，也可在输入框中输入具体的参数。单击右侧的下拉按钮，可以在列表中选择预设的字距。

设置字符旋转：用来设置字符旋转的角度，可以在输入框中输入旋转的角度，也可以单击右侧的下拉按钮，然后在列表中选择预设的角度，如图7.14所示。

（a）0°

图7.14 设置字符旋转

（b）30°

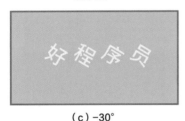

（c）-30°

图 7.14　设置字符旋转（续）

全部大写字母：单击该按钮，可以将选中的字母全部转换为大写字母。

小型大写字母：单击该按钮，可以将选中的字母转换为小型大写字母。

上标/下标：单击该按钮，可以将选中的文字设置为上标或下标，如图 7.15 所示。

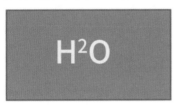

（a）上标

（b）下标

图 7.15　上标/下标

下画线 $\underline{T}$：单击该按钮，可以对选中的文字对象添加下画线，如图 7.16 所示。

（a）原文字

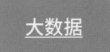

（b）添加下画线

图 7.16　下画线

删除线 T：选中文字对象，单击该按钮，可以在文字腰部添加一条删除线，如图 7.17 所示。

（a）原文字

（b）添加删除线

图 7.17　删除线

7.2.3　段落面板

使用段落面板可以调整文字的对齐方式、缩进参数、段前间距/段后间距、避头尾集等。对段落文字而言，段落面板显得尤为重要。首先使用选择工具选中文字对象，然后在工具属性栏中单击"段落"，即可调出段落面板（快捷键为【Ctrl+Alt+T】），如图 7.18 所示。

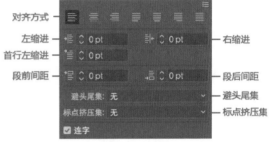

图 7.18　段落面板

对齐方式：在段落面板中，可以为选中的文字设置多种形式的对齐，如左对齐、居中对齐、右对齐、两端对齐末行左对齐、两端对齐末行居中对齐、两端对齐末行右对齐、全部两端对齐，如图 7.19 所示。

左缩进：用来设置左边缩进距离。单击 按钮，可以增大或减小左缩进的距离，也可以直接在输入框中输入缩进的参数。当参数为负数时，文字左边向左移动；当参数为正数时，文字左边向右移动，如图 7.20 所示。

右缩进：用来设置右边缩进的距离。单击 按钮，可以增大或减小右缩进的距离，也可直接在输入框中输入缩进的参数。当参数为负数时，文字右边向右移动；当参数为正数时，文字右边向左移动，如图 7.21 所示。

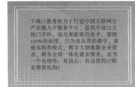

（a）左对齐　　　　　　（b）居中对齐

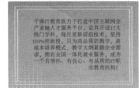

（c）右对齐　　　　　　（d）两端对齐末行左对齐

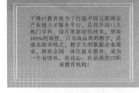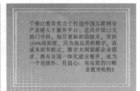

（e）两端对齐末行居中对齐　　（f）两端对齐末行右对齐

图7.19　对齐方式

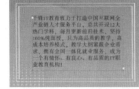

（a）0pt　　　　　　　　（b）–40pt

（c）40pt

图7.20　左缩进

（a）0pt

图7.21　右缩进

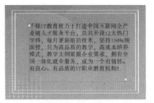

（b）–40pt

（c）40pt

图7.21　右缩进（续）

首行左缩进：用来设置首行左缩进的距离。单击 ⬍ 按钮，可以增大或减小左缩进的距离，也可直接在输入框中输入缩进的参数。当参数为正数时，文字首行的左端向右移动；当参数为负数时，文字首行的左端向左移动，如图7.22所示。

（a）0pt　　　　　　　　（b）40pt

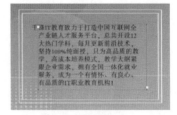

（c）–40pt

图7.22　首行左缩进

段前间距/段后间距：用来设置段落与段落的间隔。

避头尾集：根据语法规定，不能位于行首或行尾的字符是避头尾字符。单击"避头尾集"右侧的下拉按钮，可以在列表中选择"无""严格""宽松"，选择"无"表示不使用避头尾法则，选择"严格"或"宽松"代表使用避头尾法则，如图7.23所示。

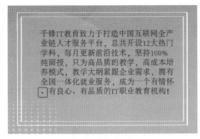

（a）选中"无"

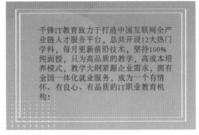

（b）选中"严格"

图 7.23　避头尾集

连字：该功能是针对英文字符设置的，当行尾的单词本行容纳不下时，如果不勾选此项，那么整个单词会跳到下一行，如果勾选了此项，那么 Illustrator 可以将一行放置不下的单词用连字符分成两部分，如图 7.24 所示。

（a）勾选"连字"　　　　（b）不勾选"连字"

图 7.24　连字

7.2.4　字符样式和段落样式

在日常工作中，使用 Word 软件编辑文字时，可以使用格式刷工具将设置好的文字样式运用到其他文字上。同样，在 Illustrator 中，可以利用字符样式和段落样式将样式快速运用到其他文本对象上。字符样式是多种字符属性的集合，段落样式包含字符属性和段落属性，设置字符样式和段落样式可以提高工作效率，接下来详细讲解这两种样式的使用。

① 新建字符样式和段落样式

选中文字图层，使用字符面板、段落面板设置相关参数，然后执行"窗口→文字→字符样式"命令或"窗口→文字→段落样式"命令，如图7.25 所示。

（a）字符样式　　　　（b）段落样式

图 7.25　样式面板

单击面板右下方的 按钮，面板中会出现新的样式栏，如图7.26 所示。创建的字符样式和段落样式记录了选中文字对象的样式。如果需要删除字符样式面板或段落样式面板中的某个样式，可以先选中该样式，然后单击面板右下方的 按钮。

（a）创建字符新样式　　　　（b）创建段落新样式

图 7.26　创建新样式

除了使用以上方法新建字符样式和段落样式以外，还可以自定义样式。首先执行"窗口→文字→字符样式"命令或"窗口→文字→段落样式"命令，然后单击面板右上方的 按钮，在列表中选择"新建字符样式"或"新建段落样式"，即可在弹出的对话框中设置相关参数，如字体、大小、字距等，如图7.27 所示。

（a）新建字符样式

图 7.27　新建样式

（b）新建段落样式

图 7.27　新建样式（续）

在"新建字符样式"对话框中，可以在"样式名称"后输入字符样式的名称，单击左侧的项目，可以设置文字的字体、大小、颜色、字距、行距等。在"新建段落样式"对话框中，可以设置段落样式的名称，单击左侧的项目，可以设置字符格式和段落缩进样式、对齐样式。设置完相关参数后，单击"确定"按钮即可。

② **运用字符样式和段落样式**

字符样式和段落样式创建完成后，可以直接运用到其他文字对象上。首先使用选择工具选中一个文字对象，然后执行"窗口→文字→字符样式"命令或"窗口→文字→段落样式"命令，在面板中选中新建的字符样式或段落样式即可，如图 7.28 所示。

（a）原图

（b）运用字符样式后

图 7.28　运用字符样式

③ **编辑字符样式和段落样式**

字符样式和段落样式创建完成后，还可以对其中的参数进行修改。首先在字符样式面板或段落样式面板中选中需要编辑的样式，然后单击面板右上方的■按钮，在列表中选中"字符样式选项"或"段落样式选项"，如图 7.29 所示，即可在对话框中设置相关参数。编辑完成后，单击"确定"按钮即可。

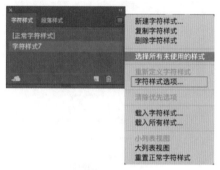

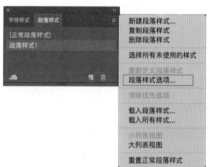

图 7.29　编辑样式

④ **覆盖样式**

文字对象使用字符样式或段落样式后，如果再次改变文字的颜色、字体等属性，那么在字符样式或段落样式后面会出现＋图标，这表示字符样式或段落样式与文本的属性不匹配，如图 7.30 所示。若要清除＋图标，可以单击面板右上方的■按钮，在列表中选中"清除优先选项"，即可将文字样式恢复为字符样式或段落样式。

图 7.30　覆盖样式

7.2.5 文字变形

通过工具属性栏调出"变形选项"对话框可以对选中的文字对象进行变形操作。首先使用选择工具选中文字对象，然后单击工具属性栏中的 ⊞ 按钮，在弹出的"变形选项"对话框中可以设置变形的样式、弯曲程度、扭曲程度等，如图7.31所示。

样式：单击下拉按钮，可以在列表中选择变形的样式，如弧形、拱形、凸出、旗形、鱼眼、膨胀、挤压、上升等，如图7.32所示。

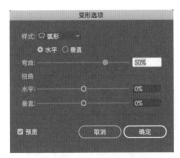

图7.31 变形选项

（a）原图 （b）弧形

（c）凸出

（d）旗形 （e）鱼眼

图7.32 变形样式

（f）挤压

图7.32 变形样式（续）

水平/垂直：用来设置变形的方向。选中"水平"选项，可以使文字对象在水平方向上发生变形；选中"垂直"选项，可以使文字对象在垂直方向上发生变形，如图7.33所示。

（a）水平挤压 （b）垂直挤压

图7.33 设置变形方向

弯曲：用来设置弯曲的程度。参数数值越大，弯曲越明显。

扭曲：用来设置水平和垂直方向的扭曲程度，如图7.34所示。

（a）原图 （b）水平 −80%

（c）垂直 −25%

图7.34 扭曲

随学随练

通过设置文字样式可以对文字进行多种变换，如字体、大小、填充色、描边色等。本案例利用文字工具搭配文字属性制作多层描边的文字效果。

【步骤1】新建画板，文件名为"描边文字"，尺寸为1000px×1000px，颜色模式为RGB，如图7.35所示。

【步骤2】在工具栏中选中文字工具，或按快捷键【T】，输入"千锋教育"，在字符面板中将字体设置为"造字工房朗倩"，大小设置为150pt，填充色值设置为#FCEE21，描边颜色设置为黑色，描边宽度设置为15pt，如图7.36所示。

图 7.35 新建画板

图 7.36 输入文字

【步骤3】使用选择工具选中文字对象，执行"窗口→外观"命令，可以调出外观面板，如图7.37所示。

【步骤4】在外观面板中选中"字符"一项，然后单击▣按钮，新建描边，将描边宽度设置为20pt，描边色值设置为#19D3FF（选中新建的描边，然后双击工具栏下方的描边色块，在"拾色器"对话框中可以设置描边颜色），如图7.38所示。

图 7.37 外观面板

【步骤5】选中最下层的描边，再次单击▣按钮，将描边宽度设置为25pt，描边色值设置为#6F3AF5，如图7.39所示。

【步骤6】选中最下层的描边，再次单击▣按钮，将描边宽度设置为30pt，描边色值设置为#171C61，单击描边文字，如图7.40所示。

图 7.38 添加新描边

图 7.39 再次添加新描边

图 7.40 第三次添加新描边

【步骤7】在外观面板中单击"描边",在弹出的对话框中设置端点为，设置边角为，如图7.41所示。

图 7.41 设置描边样式

键的同时，按住鼠标左键并拖动鼠标，复制选中的文字；使用文字工具将文字替换为"QFEDU.COM"，使用字符面板调整文字的大小为70pt，在外观面板中调整描边宽度，最终效果图如图7.42所示。

图 7.42 最终效果图

【步骤8】使用选择工具选中文字，按住【Alt】

7.3 文字的高级编辑

上一节讲解了编辑文字的基本方法，使用文字工具属性栏、字符面板、段落面板等可以设置文字对象的基本属性。除此以外，还可以对文字对象进行高级编辑，包括串接文本、文本绕排、查找和替换文本、更改大小写等。本节详细讲解这些操作。

7.3.1 串接文本

当创建的文字对象为段落文字或路径文字时，若文字的显示范围不足以显示所有文字，则部分文字会被隐藏，在区域边框旁或路径边缘会出现红色标记，使用串接文本可以将隐藏的文字显示出来。

首先使用选择工具选中文字对象，然后将鼠标指针置于红色标记上，单击鼠标左键，移动鼠标到空白位置，再次单击鼠标左键即可，如图7.43所示。执行串接文本操作，可以将文字区域内或路径上未显示完全的文字显示在另一个文字区域内或路径上（新文本框与原来的文本框大小相同）。

若需要取消串接文本，可以将鼠标指针置于文本对象上，单击鼠标右键，然后在快捷菜单中选择"还原链接串接文本"选项，如图7.44所示。

链接的串接文本是一个整体，如果向第一个区域添加文字，文字会溢出到下一个文字区域内，

取消串接文本的链接即可取消文字区域或路径的链接。首先使用选择工具选中串接文本，然后执行"文字→串接文本→移去串接文字"命令，即可取消串接文本的链接，如图7.45所示。取消链接后的文字区域是各自独立的，向第一个文字区域添加文字，溢出的文字会被隐藏。

（a）原图

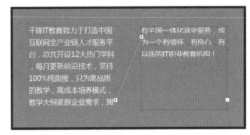

（b）串接文本后

图 7.43 串接文本

图 7.44　取消串接文本

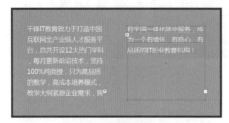

（a）串接文本

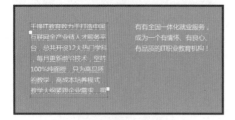

（b）移去串接文字后

图 7.45　移去串接文字

7.3.2 | 文本绕排

使用文本绕排功能可以使区域文字绕排在导入或绘制的图形周围。首先使用选择工具选中区域文字和需要绕开的图形，然后执行"对象→文本绕排→建立"命令即可，如图 7.46 所示。值得注意的是，执行文本绕排操作时，需要将区域文字置于图形下方。

（a）原图

图 7.46　文本绕排

（b）文本绕排后

图 7.46　文本绕排（续）

建立文本绕排前，可以先在"文本绕排选项"对话框（通过执行"对象→文字绕排→文本绕排选项"命令调出该面板）中设置位移的参数。当参数为正时，数值越大，文字与图形的距离越大；当参数为负时，数值越小，文字与图形相交的范围越大，如图 7.47 所示。数值设置完成后，再次执行"对象→文字绕排→建立"命令即可。

（a）位移为 40

（b）位移为 −20

图 7.47　设置位移参数

值得注意的是，建立文本绕排后，可以移动区域文本位置或绕排的形状，执行移动操作后，文本绕排的形状也会随之发生变化。若要取消文本绕排，可以执行"对象→文本绕排→释放"命令。

7.3.3 查找和替换文字

在日常工作中，用Word编写文档时，可以使用"查找和替换"功能批量替换文字。同样，在Illustrator中，使用"查找和替换"命令可以查找需要的文字，并将查找出的文字替换为目标文字。

首先使用文字工具选中需要替换的文字，然后执行"编辑→查找和替换"命令，即可在"查找和替换"对话框中设置查找的文字和替换的目标文字，如图7.48所示。

图 7.48　查找和替换

查找：在输入框中可以输入需要查找的文字，单击后方的"查找"按钮，即可在选择的文本中查找输入的文字。

替换为：在输入框中可以输入替换的目标文字。单击"替换"按钮，可以将查找到的文字替换为目标文字；单击"替换和查找"按钮，可以将查找到的文字替换为目标文字，并且继续查找下一处；单击"全部替换"按钮，可以将选中文本中的所有待替换文字替换为目标文字，如图7.49所示。

（a）原图

（b）替换后

图 7.49　替换文字

7.3.4 更改大小写

使用"更改大小写"命令可以对选中的英文文本进行大小写转换，如全部大写、全部小写、词首大写、句首大写。首先使用选择工具选中英文文本，然后执行"文字→更改大小写"命令，选择一种选项即可，如图7.50所示。

图 7.50　更改大小写

7.3.5 更改文字方向

使用"文字方向"菜单可以改变文字的方向，在二级菜单中可以选择"水平"或"垂直"。当选中的文字方向为水平时，可以执行"文字→文字方向→垂直"命令，将文字的方向更改为垂直，如图7.51所示。

（此处图示位置）

（a）原图　　　　　（b）文字方向更改为垂直

图 7.51　更改文字方向

7.3.6 置入文本

Illustrator可以置入用其他应用程序编写的文本。具体步骤为：执行"文件/置入"命令，在"置入"对话框中选择目标文件（如Word文件），单击"置入"按钮。置入文本后，可以在Illustrator中对文本进行再次编辑，如图7.52所示。

图 7.52　置入文本

文字置入后，可以将文字转换为区域文字。使用选择工具选中置入的文字，然后执行"文字→区域文字选项"命令，在"区域文字选项"对话框中可以设置文字显示区域的宽度、高度、行数、列数等，如图7.53所示。

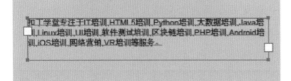

图 7.53　区域文字选项

7.3.7　导出文本

在Illustrator中，可以将文件中的文字导出为文本格式。使用选择工具选中需要导出的文字，然后执行"文件→导出→导出为"命令，在弹出的对话框中设置保存格式为"文本格式（TXT）"，单击"导出"按钮，在"文本导出选项"对话框中设置"平台"和"编码"，再单击"导出"按钮即可。

7.3.8　创建轮廓

文字创建完成后，可以将文字转换为轮廓，以便对其进行渐变填色、添加效果操作，或单独编辑轮廓上的锚点和路径。

首先选中文字，然后执行"文字→创建轮廓"命令（快捷键为【Ctrl+Shift+O】），即可将文字转换为轮廓，如图7.54所示。转换后的轮廓默认为编组状态，若要编辑单个轮廓，可以先进行解组。文字转换为轮廓后，不能再更改字体或其他文字属性。

（a）原图

（b）轮廓

图 7.54　创建轮廓

值得注意的是，用户使用Illustrator进行设计后，可能需要将源文件发送给印刷厂进行印刷，如果印刷厂配置的计算机设备没有安装文件中使用的字体，那么缺失的字体可能会被其他字体替换，因此需要将源文件保存为另一个文件，并对该文件中的字体进行创建轮廓操作。

随学随练

在使用Illustrator进行设计时，经常需要对字体进行再创作。将文字转换为图形，然后使用直接选择工具单独编辑路径上的锚点，可以改变字体的形状。本案例借助"创建轮廓"命令对文字的字体进行修改。

【步骤1】新建画板，文件名为"文字设计"，尺寸为1000px×600px，颜色模式为RGB，如图7.55所示。

【步骤2】使用矩形工具绘制尺寸为1000px×600px的矩形，填充渐变色，色值设置为#10051F、#36090A，在渐变画板中将角度设置为-30°，按快捷键【Ctrl+2】锁定图形，如图7.56所示。

图 7.55　新建画板

图 7.56　绘制矩形

【步骤3】在工具栏中选中文字工具，输入"常"字，在工具属性栏中将文字字体设置为"站酷酷黑"，文字大小设置为460pt，调整文字的高度，如图7.57所示。

图 7.57　输入文字

【步骤4】选中文字，单击鼠标右键，在快捷菜单中选择"创建轮廓"，将文字转换为图形；再次单击鼠标右键，在快捷菜单中选择"取消编组"；然后选中直接选择工具，按住【Shift】键的同时选中文字轮廓的尖角上的锚点与临近的锚点（先选中尖角锚点），在工具属性栏中单击左对齐，如图7.58所示。

图 7.58　消除尖角

【步骤5】选中选择工具，按住快捷键【Alt+Shift】的同时，按住鼠标左键并拖动，复制文字轮廓。如图7.59所示。

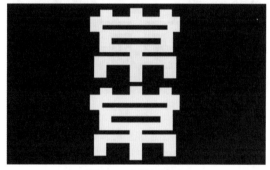

图 7.59　复制文字轮廓

【步骤6】使用矩形工具绘制一个矩形，复制该矩形，平行移动到复制的文字轮廓上，如图7.60所示。

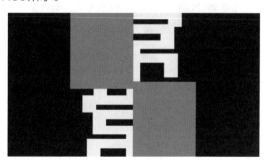

图 7.60　绘制矩形

【步骤7】同时选中第一个文字轮廓和其上的矩形，执行"窗口→路径查找器"命令，在路径查找器面板中单击█按钮；然后同时选中复制的文字轮廓和矩形，同样单击█按钮，如图7.61所示。

图7.61　减去顶层

【步骤8】选中选择工具，选中其中一个图形，按住【Shift】键的同时移动鼠标，将两个图形合并，如图7.62所示。

图7.62　合并图形

【步骤9】选中左边的图形，然后在工具栏中选中倾斜工具，对文件进行倾斜操作；然后选中右边的图形，也使用倾斜工具对图形进行倾斜操作，如图7.63（a）所示。观察发现，图形宽度过大，使用直接选择工具框选左侧的锚点并向内移动，框选右侧的锚点并向内移动，如图7.63（b）所示。

（a）倾斜

图7.63　编辑图形

（b）移动锚点

图7.63　编辑图形（续）

【步骤10】选中左侧的图形并进行复制，置于下一层，将颜色改为灰色；同样，复制右侧的图形并置于下一层，将颜色改为灰色，如图7.64所示。

【步骤11】选中钢笔工具，沿着前后两个图形的未重叠区域绘制图形，如图7.65所示。

图7.64　复制图形

图7.65　绘制图形

【步骤12】选中左侧的顶层图形，填充渐变色，色值设置为#E30090和#22182C；选中右侧的顶层图形，填充渐变色，色值设置为#00FFE6和#1C187C；然后使用吸管工具对绘制的图形填充渐变色，如图7.66所示。

【步骤13】使用钢笔工具、椭圆工具绘制装饰图形，然后绘制一个椭圆置于底层，填充白色到白色透明的渐变色，在透明度面板中设置图层混合模式为"柔光"，最终效果图如图7.67所示。

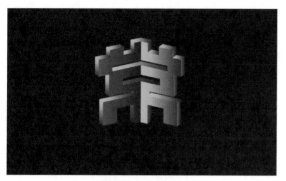

图 7.66　填充颜色

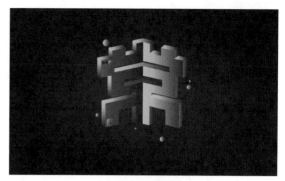

图 7.67　最终效果图

7.4 本章小结

　　本章主要讲解 Illustrator 中的文字工具组和文字编辑方法，第 1 节讲解了四种文字类型的特点和创建方法，第 2 节讲解了设置文字样式的多种面板，第 3 节讲解了文字的高级编辑。通过本章的学习，读者可以掌握文字工具组的使用方法，并熟练掌握更改文字属性的方法。使用文字的高级编辑方法，可以制作多种效果的文字样式。

7.5 习题

1. 填空题

（1）文字工具的快捷键是_____。

（2）在 Illustrator 中，文字的类型分为四种，分别为_____、_____、_____、路径文字。

（3）调出字符面板的快捷键为_____。

（4）调出段落面板的快捷键为_____。

（5）执行_____命令，可以将文字转换为轮廓。

2. 选择题

（1）在 Illustrator 中，使用（　　　）可以修改文字的字体、大小（多选）。

　　A. 文字工具属性栏　　　　　　　B. 字符面板

　　C. 段落面板　　　　　　　　　　D. 段落样式

（2）在 Illustrator 中，创建轮廓的快捷键是（　　　）。

　　A. Ctrl+Shift+O　　　　　　　B. Ctrl+Alt+O

　　C. Ctrl +O　　　　　　　　　　D. Shift+Alt+O

（3）在 Illustrator 中，使用（　　　）命令可以将其他应用程序创建的文本置入。

　　A. 置入文本　　　　　　　　　　B. 导出文本

　　C. 串接文本　　　　　　　　　　D. 文本绕排

（4）在 Illustrator 中，使用（　　　）命令可以将文字转换为图形。

　　A. 文本绕排　　　　　　　　　　B. 导出文本

C. 串接文本   D. 创建轮廓

（5）在Illustrator中，使用（　　　）与（　　　）可以创建区域文字。

A. 区域文字工具   B. 路径文字工具

C. 直排路径文字工具   D. 直排区域文字工具

3. 思考题

（1）简述在Illustrator中创建段落文字的方法。

（2）简述将文字转换为图形的方法。

4. 操作题

使用Illustrator软件中的文字工具，结合Photoshop软件中的效果命令，制作文字海报，如图7.68所示。

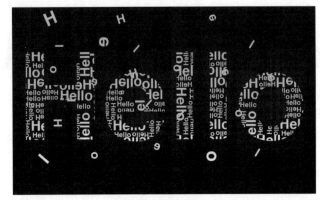

图7.68　文字海报

第 8 章

图层与蒙版

在 Illustrator 中，图层面板不会自动显示，只有执行"窗口→图层"命令后，才可以看到各个图层。在图层面板中可以对各个图层进行相关的编辑操作。使用剪切蒙版可以将一个图层上的图像显示在另一个图层的图像上。本章将详细讲解图层和剪切蒙版的相关知识。

本章学习目标

- 认识图层和掌握图层的基本操作方法
- 了解图层的不透明度和多种混合模式
- 掌握剪切蒙版的创建方法

8.1 图层

使用画笔绘画时，需要不断绘制线条，从而叠加出一幅图画。同样，使用Illustrator设计的作品也是由多个图形、多组文字等组合起来的，这些图形和文字都是可以单独编辑的图层，接下来讲解图层的概念和相关操作。

8.1.1 图层面板

图层面板是用来列出当前画板所有图层的面板，若要查看文件中的图层或进行图层的相关操作，需要先执行"窗口→图层"命令，或按快捷键【F7】，以打开图层面板，如图8.1所示。

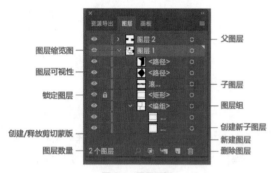

图 8.1 图层面板

父图层：在Illustrator中绘制图形时，这些图层会自动归于一个父图层。单击图层面板中的 按钮，可以将父图层中的所有子图层显示出来。单击 按钮可以创建一个新的空白图层。

图层可视性：单击父图层或子图层前的 按钮，可以将该图层隐藏，再次单击，可以将隐藏的图层显示出来。

锁定图层：单击 右侧的空白区域，可以将图层锁定，该空白区域出现 图标。图层锁定后，不能再选中该图层上的图形。单击该图标，即可解除锁定。

图层组：将多个图层编组后，图层列表中会出现图层组图层，单击左侧的 按钮，可以将图层组中的图层显示出来。

创建新子图层 ：单击该按钮，可以在当前父图层下创建新的子图层。

新建图层 ：单击该按钮，可以创建一个新的父图层。选中一个父图层或子图层，按住鼠标

左键将其拖曳到该图标上，可以复制选中的父图层或子图层。

删除图层 ：选中一个父图层或子图层，然后单击该按钮，即可将选中的父图层或子图层删除。

图层数量：显示当前文件中父图层的数量。

创建/释放剪切蒙版：单击该按钮，可以创建或释放剪切蒙版。

8.1.2 选择图层

在Illustrator中设计作品时，常常需要选中待编辑的图层，然后才能对选中的图层进行编辑操作。

若需要选中一个图层，可以在图层面板列表中单击该图层；若需要同时选中多个图层，可以在按住【Ctrl】键的同时，单击需要选中的图层；若需要同时选中相邻的多个图层，可以在按住【Shift】键的同时，单击第一个图层，然后单击最后一个图层，如图8.2所示。

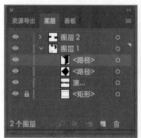 

（a）单选图层　　　　　　（b）多选图层

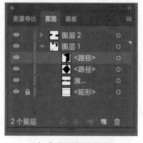

（c）多选相邻图层

图 8.2 选择图层

在图层面板中选中图层，并不代表选中了该图层中的图形，若要选中图层中的图形，需要单

击该图层后的 ，使之变为 。

8.1.3 更改图层顺序

在 Illustrator 中，上层图形会覆盖下层图形，因此图层的顺序会影响图形的显示效果。在图层面板中可以更改图层的排列顺序。

首先打开一个 Illustrator 源文件格式的文件，然后执行"窗口→图层"命令，观察各个图层的排列情况，如图 8.3 所示。

图 8.3 打开文件

在图层面板中选中需要进行调整的图层，如人物图层，按住鼠标左键将其拖动到需要的位置（图层与图层之间的分界线上），松开鼠标左键即可，如图 8.4 所示。改变图层的顺序后，文件中的图像也发生了相应的变化。

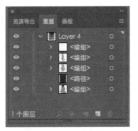

图 8.4 更改图层顺序

8.1.4 锁定图层

在 Illustrator 中，选中选择工具后，只要单击图形或文字，即可将该元素选中，因此很容易发生误选，导致错误移动或删除不需要编辑的图形等元素。针对这个问题，解决办法是将不需要编辑的图层锁定，锁定图层后，不能再对该图层进行移动、删除等操作。

首先在图层面板中找到需要锁定的图层，然后单击该图层左侧的 ■■ 区域，即可将该图层锁定，此时该区域出现 🔒 标记，如图 8.5 所示。

图 8.5 锁定图层

除了可以在图层面板中锁定图层外，也可以通过快捷键锁定图层。首先使用选择工具选中需要锁定的图形，然后按快捷键【Ctrl+2】即可。若需要进行解锁操作，可以按快捷键【Ctrl+Alt+2】。

8.1.5 复制图层

在图层面板中，可以对图层进行复制。首先在图层面板中选中需要复制的图层，然后按住鼠标左键不放将其拖动到面板右下方的 ◫ 按钮上，松开鼠标左键即可，如图 8.6（a）所示。也可以在按住【Alt】键的同时，按住鼠标左键将要复制的图层移动到图层列表中选定的位置，松开鼠标左键即可完成复制，如图 8.6（b）所示。

（a）方法一

（b）方法二

图 8.6 复制图层

8.2 图层不透明度

在Illustrator中，可以在透明度面板中设置图层的不透明度，以此来改变图形的显示效果，还可以通过设置图层的混合模式来改变上层图像与下层图像的混合效果。本节将详细讲解图层不透明度和混合模式的相关知识。

8.2.1 设置图层不透明度

使用Illustrator绘制图形或创建文字时，可以使用工具属性栏设置图形的不透明度，如图8.7所示。首先使用选择工具选中一个子图层，然后单击"不透明度"右侧的 > 按钮，拖动控制条上的滑块来选择图层的不透明度，100%代表完全不透明，0%代表完全透明，50%代表半透明。

图8.7 工具属性栏

除了使用工具属性栏设置不透明度之外，还可以在透明度面板中设置图层的不透明度。首先选中需要调整不透明度的图层，然后执行"窗口→透明度"命令（快捷键为【Shift+Ctrl+F10】），如图8.8所示。

混合模式 —— 不透明度

图8.8 透明度面板

不透明度：单击右侧的下拉按钮，拖动控制条上的滑块即可修改图层的不透明度，也可以直接在输入框中输入不透明度参数，如图8.9所示。

混合模式：用来设置图层的混合模式，单击右侧的下拉按钮，可以选择混合模式。

（c）0%

图8.9 不透明度（续）

8.2.2 设置图层混合模式

在Illustrator中，默认情况下，上下图层之间是覆盖与被覆盖的关系，在透明度面板中可以设置图层的混合模式。选中一个图层，然后执行"窗口→透明度"命令，可以在混合模式栏设置图层的混合模式，如正常、变暗、正片叠底、颜色加深、变亮、叠加等，如图8.10所示。在不同的混合模式下，混合后的显示效果不同。

正常：该模式为系统默认的模式。在该模式下，上面的图层（不透明度为100%时）会覆盖下面的图层，如图8.11所示。

变暗：使用该模式，Illustrator会比较当前图层和其下图层的颜色明暗度，上层中的亮色会被下层中的暗色替代，上层的暗色会被保留，如图8.12所示。

（a）100% （b）50%

图8.9 不透明度

混合模式 —— 正常 不透明度:100% —— 不透明度

图 8.10 混合模式

颜色加深:使用该模式,可以使上层图像变暗,如图 8.14 所示。

图 8.14 颜色加深

变亮:Illustrator 会对比当前图层和其下图层的明暗度,暗色的部分会变亮,亮色的部分保留,如图 8.15 所示。

图 8.15 变亮

滤色:使用该混合模式,Illustrator 保留上层的亮色部分,暗色部分会变亮,如图 8.16 所示。

图 8.16 滤色

颜色减淡:使用该混合模式,可以使上层图像中的暗色变亮,如图 8.17 所示。

图 8.17 颜色减淡

图 8.11 正常

图 8.12 变暗

正片叠底:使用该模式,Illustrator 会将当前图层与其下图层的深色对象混合,混合后图像会变暗,如图 8.13 所示。

图 8.13 正片叠底

叠加：使用该模式，可以使图像以混合色显示，如图8.18所示。

图8.18　叠加

柔光/强光：使用柔光模式，可以将图像中的高灰度部分变亮，低灰度部分变暗；使用强光模式，可以使图像中的高灰度部分变暗，低灰度部分变亮，如图8.19所示。

（a）柔光　　　　　　　　　（b）强光

图8.19　柔光/强光

差值/排除：使用差值模式，可以用混合色中的较亮颜色的亮度减去较暗颜色的亮度；排除模式与差值模式类似，如图8.20所示。

（a）差值　　　　　　　　　（b）排除

图8.20　差值/排除

色相/饱和度：使用色相模式，混合后的图像的亮度和饱和度由下层图像决定，色相由上层图像决定；使用饱和度模式，混合后的图像的亮度和色相由下层图像决定，饱和度由上层图像决定，如图8.21所示。

（a）色相　　　　　　　　　（b）饱和度

图8.21　色相/饱和度

混色/明度：使用混合模式，混合后的亮度由下面的图层决定，色相和饱和度由当前图层决定；使用明度模式，混合后的亮度由当前图层决定，色相和饱和度由下面的图层决定，如图8.22所示。

（a）混色　　　　　　　　　（b）明度

图8.22　混色/明度

以上介绍了各种混合模式的混合效果，常用的混合模式包括正常、正片叠底、滤色、叠加等，读者可以通过在透明度面板中更换混合模式，观察各种混合模式的效果。

8.3 剪切蒙版

在 Illustrator 中，可以使用剪切蒙版将图像显示在另一个图像区域内，在一个剪切蒙版中，决定显示区域的是一个图层，下面的对象图层可以有多个，即可以将多个图层中的图像显示在特定区域内。创建剪切蒙版后，还可以对蒙版及蒙版中的对象进行编辑。本节将详细讲解剪切蒙版的相关操作。

8.3.1 创建剪切蒙版

使用剪切蒙版可以将图像显示在蒙版区域内，从而将区域以外的图像隐藏，决定显示区域的图层位于上层，显示内容位于下层。首先选中一个图形（或文字）作为显示区域，按快捷键【Ctrl+Shift+]】将该层置顶，然后在按住【Shift】键的同时，通过单击选中内容图层，再执行"对象→剪切蒙版→建立"命令（快捷键为【Ctrl+7】）即可，如图 8.23 所示。

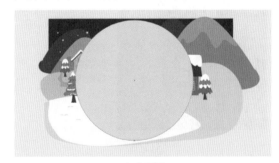

（a）原图

（b）剪切蒙版

图 8.23 创建剪切蒙版

8.3.2 编辑剪切蒙版

剪切蒙版创建后，可以对上层蒙版路径和下层内容进行编辑，例如，改变蒙版路径的形状，改变内容图像的颜色、形状、描边等。接下来详细讲解编辑剪切蒙版的方法。

① 编辑蒙版路径

蒙版路径决定了下层图像的显示区域，如果蒙版路径发生改变，图像的显示范围也会发生变化。首先使用选择工具选中剪切蒙版对象，然后执行"对象→剪切蒙版→编辑内容"命令，在工具栏中选中直接选择工具，单击蒙版路径，即可对路径和锚点进行编辑，如图 8.24 所示。

（a）执行命令后

（b）单击路径

图 8.24 编辑蒙版路径

选中蒙版路径后，单击路径上的锚点可以对锚点进行移动、删除等操作，也可以通过调节控制手柄改变路径的走向，从而改变显示区域，如图 8.25 所示。

②　编辑剪切内容

剪切蒙版创建后，若需要对剪切的内容进行编辑，可以先选中剪切蒙版，然后执行"对象→剪切蒙版→编辑内容"命令，选中选择工具，可以对剪切内容进行移动、缩放操作。如果剪切内容是矢量图，可以使用直接选择工具编辑剪切内容，如移动锚点或路径、删除锚点或路径等，如图8.26所示。

（a）选中剪切内容

（a）选中锚点

（b）移动剪切内容

图 8.26　编辑剪切内容

（b）移动锚点

图 8.25　移动路径锚点

③　添加剪切内容

在剪切蒙版创建之后，若要增加剪切内容，可以先执行"对象→剪切蒙版→释放"命令，将该剪切蒙版释放，然后再重新绘制蒙版区域，然而这种方法操作起来不够简便，释放剪切蒙版后，上层的蒙版路径会自动删除。

使用另一种方法可以直接向剪切蒙版中添加剪切内容。首先置入或绘制需要添加到蒙版中的图像，然后执行"窗口→图层"命令，调出图层面板，单击图层左侧的下拉按钮，在列表中找到"剪切组"图层；单击"剪切组"图层左侧的下拉按钮，在图层列表中，最上层的为蒙版路径图层，下面是蒙版内容图层，如图8.27所示。

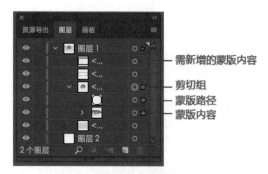

━━ 需新增的蒙版内容

━━ 剪切组
━━ 蒙版路径
━━ 蒙版内容

图 8.27　图层面板

在图层面板中选中需要添加的图层，按住鼠标左键将其拖动到蒙版路径图层下方，即可将该图层中的图像添加到蒙版中，如图8.28所示。

（a）操作

图 8.28　添加剪切内容

（b）效果

图8.28　添加剪切内容（续）

8.3.3 释放剪切蒙版

剪切蒙版创建后，可以对剪切蒙版进行释放。首先选中剪切蒙版，然后执行"对象→剪切蒙版→释放"命令即可，如图8.29所示，也可在选中剪切蒙版的前提下，单击鼠标右键，然后在快捷菜单中单击"释放剪切蒙版"。值得注意的是，释放剪切蒙版后，上层的蒙版路径会自动删除。

（a）剪切蒙版

（b）释放蒙版

图8.29　释放剪切蒙版

 随学随练

在使用Illustrator进行设计时，剪切蒙版是经常使用的技巧。利用剪切蒙版可以使图像显示在特定区域内。本案例利用剪切蒙版制作多样的文字效果。

【步骤1】新建画板，文件名为"剪切蒙版"，尺寸为1000px×700px，颜色模式为RGB，如图8.30所示。

图8.30　新建画板

【步骤2】在工具栏中选中矩形工具，绘制大小为1000px×700px的矩形，并使用选择工具移动矩形，使之覆盖在画板之上。双击工具栏下方的填充色块，在"拾色器"对话框中将填充色值设置为#BFD699，如图8.31所示。

图8.31　绘制矩形

【步骤3】选中文字工具，输入"G"，字体设置为"AvenirLTStd-Black"，大小设置为430pt；使用选择工具选中该文字，然后执行"对象→扩展"命令，在弹出的"扩展"对话框中，勾选"扩展"和"填充"选项，单击"确定"按钮，如图8.32所示。

【步骤4】将扩展后的文字填充色值设置为#1A2D62，使用矩形工具绘制一个矩形，然后同时选中这两个图形，执行"窗口→路径查找器"命令，在路径查找器面板中单击█按钮；选中分割后的图形，并取消编组，删除多余部分，如图8.33所示。

图 8.32 编辑文字

图 8.33 分割文字

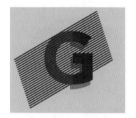

图 8.35 绘制条纹

【步骤 5】选中右侧的两个图形，按快捷键【Ctrl+G】进行编组；复制该组合，使用移动工具将复制后的图层组移动到合适位置，并置于原图层组的下方，修改填充色值为 #E26E44，如图8.34 所示。

图 8.34 复制图层组

【步骤 6】使用矩形工具绘制长条矩形，在工具栏中选中旋转工具，对矩形进行旋转；按住【Alt】键的同时，按住鼠标左键并拖动到合适位置；按快捷键【Ctrl+D】重复执行该复制动作，如图 8.35 所示。

【步骤 7】选中绿色的底部图层，按快捷键【Ctrl+2】将其锁定；选中条纹图形将其编组，然后将该图层组置于文字图形的下方；同时选中条纹图层组和字母的左侧图形，执行"对象→剪切蒙版→建立"命令，如图 8.36 所示。

【步骤 8】选中深蓝色图形，将不透明度调整为 50%；选中钢笔工具，沿着深蓝色图形与橙色图形的交叉边缘绘制路径，将路径填充为黑色，最终效果图如图 8.37 所示。

图 8.36 建立剪切蒙版

图 8.37 最终效果图

8.4 不透明蒙版

在 Illustrator 中，可以利用不透明蒙版使下层图像根据上层图像的不透明度显示。不透明蒙版创建完成后，还可以对该蒙版和显示内容进行再次编辑。本节将详细讲解不透明蒙版的创建和编辑方法。

8.4.1 创建不透明蒙版

不透明蒙版利用灰度来控制下层图像的显示范围，白色代表完全显示，黑色代表完全隐藏，灰色代表半透明。若要创建不透明蒙版，需要首先绘制一个蒙版路径，并将该路径置于顶层，然后对其进行填充，执行"窗口→透明度"命令，在透明度面板中设置蒙版路径的不透明度；同时

选中下层图像和上层形状，单击透明度面板右上方的 按钮，在列表中选中"建立不透明蒙版"即可，如图 8.38 所示。

（a）原图　　　　（b）创建蒙版

图 8.38 创建不透明蒙版

在不透明蒙版中，上层显示区域的颜色为白色时，代表完全显示，颜色为黑色时，代表完全隐藏，如果将上层形状的填充颜色设置为黑白渐变，就可以使下层图像渐变显示。先选中上层形状和下层图像，然后执行"窗口→透明度"命令，单击"制作蒙版"按钮，取消勾选"剪切"选项，如图8.39所示。

（a）原图　　　　　（b）创建渐变蒙版

图 8.39　创建渐变不透明蒙版

8.4.2 | 编辑不透明蒙版

与剪切蒙版相同，不透明蒙版创建后，可以对该蒙版路径和下层内容进行编辑。创建不透明蒙版后，在透明度面板中会出现两个缩览图，一个是下层图像的缩览图，一个是蒙版路径的缩览图。默认情况下，两个缩览图之间有一个呈选中状态的链条按钮，代表二者呈链接状态，如图8.40所示。

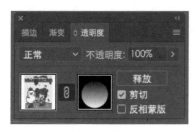

图 8.40　透明度面板

如果要单独编辑蒙版路径或图像，需要先单击两个缩览图之间的链条按钮，以取消二者的链接（再次单击可以重新链接）。若需要编辑蒙版中的图像，可以在透明度面板中选中左侧的缩览图，然后使用选择工具选中该图像，即可对图像进行移动、缩放、变形等操作，也可以使用直接选择工具编辑图像中的锚点或路径，如图8.41所示。

图 8.41　编辑图像

如果要编辑蒙版路径，可以先在透明度面板中选中右侧的蒙版路径缩览图，然后使用选择工具或直接选择工具对路径进行编辑，如图8.42（a）所示。除了可以对蒙版路径进行编辑外，还可以利用渐变工具或渐变面板更改蒙版的渐变颜色、方向等，如图8.42（b）所示。

（a）更改路径

（b）更改渐变方向

图 8.42　编辑路径

8.4.3 | 释放不透明蒙版

不透明蒙版创建后，若需要释放该蒙版，可以在透明度面板中单击"释放"按钮，不透明蒙版释放后，上层的蒙版路径会自动保留，如图8.43所示。

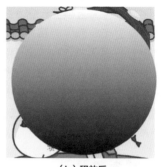

（b）释放后

图 8.43 释放不透明蒙版（续）

若需要停用不透明蒙版，可以单击透明度面板右上角的▤按钮，然后在列表中选择"停用不透明蒙版"，也可以在按住【Shift】键的同时单击蒙版路径缩览图。若需要激活停用的不透明蒙版，可以再次按住【Shift】键的同时单击蒙版路径缩览图。

（a）不透明蒙版

图 8.43 释放不透明蒙版

8.5 本章小结

本章主要讲解Illustrator中的图层和蒙版的相关知识，第1节阐述了图层的概念和编辑图层的方法，第2节讲解了图层不透明度和图层混合模式的概念和设置方法，第3节讲解了剪切蒙版的作用和编辑方法，第4节解释了不透明蒙版的作用和编辑方法。通过本章的学习，读者可以掌握图层和蒙版的相关操作方法，利用蒙版可以限制图像的显示区域。

8.6 习题

1. 填空题

（1）调出图层面板的快捷键为_____。

（2）锁定图层的快捷键为_____，取消锁定图层的快捷键为_____。

（3）调出透明度面板的快捷键为_____。

（4）建立剪切蒙版的快捷键为_____。

（5）在_____面板中，可以建立不透明蒙版。

2. 选择题

（1）在图层面板中，可以执行（　　）等操作（多选）。

    A. 选择图层   B. 更改图层顺序   C. 锁定图层   D. 复制图层

（2）在Illustrator中，更改（　　）可以使图层的显示样式发生改变。

    A. 图层不透明度   B. 图层混合模式

    C. 图层顺序   D. 图层蒙版

（3）在Illustrator中，使用（　　）命令可以创建剪切蒙版。

    A. 对象→剪切蒙版→建立   B. 对象→剪切蒙版→释放

    C. 对象→剪切蒙版→编辑内容   D. 对象→变换

（4）在Illustrator中，可以使上层图像变暗的图层混合模式为（　　）。

    A. 正常   B. 正片叠底   C. 滤色   D. 叠加

（5）在Illustrator中，使用（　　）可以使下层图像部分显示、部分隐藏（多选）。

    A. 剪切蒙版   B. 图层混合模式

    C. 不透明蒙版   D. 不透明度

3．思考题

（1）简述在Illustrator中创建剪切蒙版的方法。

（2）简述在Illustrator中创建不透明蒙版的方法。

4．操作题

在Illustrator中，使用剪切蒙版制作图8.44和图8.45所示图像。

图 8.44　图像一　　　　　　　图 8.45　图像二

第 9 章

效果与外观

在 Illustrator 中，使用钢笔工具、形状工具或文字工具等绘制路径或文字后，可以使用效果菜单为绘制的路径添加多种效果，如 3D、变形、扭曲和变换、风格化、像素化、扭曲等。在外观面板中，可以查看选中图形的填充、描边、效果等属性。本章将详细讲解效果菜单中各种效果的作用以及外观面板的用法。

本章学习目标

- 掌握效果菜单中各种效果的作用
- 掌握外观面板的用法

9.1 效果菜单

在Illustrator中，可以使用效果菜单为矢量图或位图添加效果。效果菜单分为"Illustrator效果"和"Photoshop效果"两部分，前者只适用于矢量图，后者既可以用于矢量图，又可以用于位图。选中需要添加效果的图像，然后单击菜单栏中的"效果"，即可在列表中选择需要的效果，如图9.1所示。

图9.1（a）是初始状态的效果菜单，图9.1（b）是为图像添加投影效果后的效果菜单，单击"应用'投影'"，可以将上次设置的投影效果运用到选中图像上，单击"投影"，可以调出"投影"对话框，设置投影的相关参数。

（a）初始状态　（b）添加投影效果后

图9.1　效果菜单

9.2 Illustrator 效果

使用Illustrator效果可以为矢量图添加多种效果，如3D、SVG滤镜、变形、扭曲和变换、栅格化、路径、风格化等，执行这些效果命令可以使图像发生多种多样的变换。接下来详细讲解这些效果的使用。

9.2.1 3D

在使用画笔绘画时，如果需要绘制3D效果的立方体，就要在纸上构建立体空间的消失点，然后将矩形的顶点与消失点连接，再截取立方体的厚度。在Illustrator中，若需要绘制立体图形，可以使用效果菜单中的3D效果。执行"效果→3D"命令，可以在二级菜单中选择凸出和斜角、绕转、旋转三种效果。下面详细讲解这三种3D效果的作用。

① 凸出和斜角

使用凸出和斜角效果可以将二维图形转换为具有立体效果的图形。首先选中二维图形，然后执行"效果→3D→凸出和斜角"命令，即可在"3D凸出和斜角选项"对话框中设置位置、倾斜角度、透视角度、凸出厚度等参数，如图9.2所示。

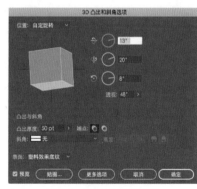

图9.2　3D 凸出和斜角选项

位置：单击右侧的下拉按钮，可以在列表中选择预设的旋转角度，如自定旋转、前方、后方、离轴-前方、等角-左方等。选中"自定旋转"选项后，可以按住鼠标左键拖曳对话框左上方的立方体，从而改变3D效果的凸出方向，如图9.3所示。

透视：默认情况下，透视角度为0°。在右侧输入框中输入数值，或单击下拉按钮，然后拖动控制条上的滑块来设置透视角度，如图9.4所示。

凸出厚度：用来设置3D图形的厚度。参数数值越大，目标对象的厚度越大，参数数值越小，目标对象的厚度越小，如图9.5所示。

（a）选中形状

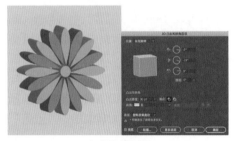

（b）拖动立方体

图9.3　位置

（a）透视角度为0°　　　（b）透视角度为100°

图9.4　透视

（a）厚度为50pt　　　　（b）厚度为100pt

图9.5　凸出厚度

端点：选中◉按钮，可以使图形产生实心的3D效果；选中◉按钮，可以使图形产生空心的3D效果，如图9.6所示。

斜角：默认情况下，斜角为"无"，单击右侧的下拉按钮，可以在列表中选择斜角的样式。例如，选中▭，然后单击斜角外扩按钮▣，设置高度为2pt，如图9.7所示。

（a）实心　　　　　　　　（b）空心

图9.6　端点

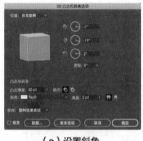 

（a）设置斜角　　　　　　（b）效果

图9.7　斜角

表面：单击下拉按钮，可以选择一种样式，如线框、无底纹、扩散底纹、塑料效果底纹等，如图9.8所示。

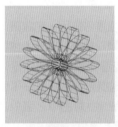 

（a）线框　　　　　　　　（b）无底纹

（c）扩散底纹　　　　　　（d）塑料效果底纹

图9.8　表面

更多选项：单击该按钮，可以设置3D效果的高光参数。单击选中左侧球体上的高光点，然后就可以在右侧设置多个参数的参数值，如光源强度、环境光、高光强度、高光大小等，如图9.9所示。单击球体下的■按钮，可以新建一个高光点。单击➡按钮，可以将选中的高光点置于球体后侧。

② **绕转**

使用绕转效果可以将绘制的路径以垂直轴为旋转轴进行旋转，从而得到立体图形。首先使用钢笔工具绘制一条路径，设置描边颜色和宽度，然后选中该路径，执行"效果→3D→绕转"命令，在"3D绕转选项"对话框中设置相关参数，如图9.10所示。

图 9.9　设置高光参数

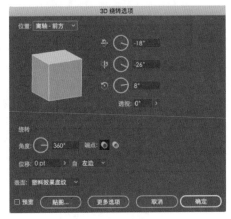

图 9.10　3D 绕转选项

位移：用来设置绕转对象与旋转轴的距离，参数越大，立体图形的直径越大，如图9.11所示。

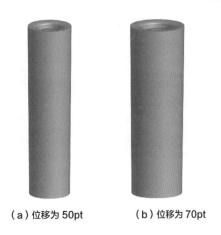

（a）位移为 50pt　　　（b）位移为 70pt

图 9.11　位移

自：用来设置绕转的方向。当绘制的路径为整个图形的左半部分时，需要在"自"后选择"右边"；当绘制的路径为整个图形的右半部分时，需要在"自"后选择"左边"；若选择的方向不对，则会生成错误图形，如图9.12所示。

③ **旋转**

使用旋转效果可以使2D对象或3D对象产生旋转。先使用选择工具选中目标对象，然后执行"效果→3D→旋转"命令（若该对象先前执行了3D效果中的其他命令，执行旋转命令时会弹出警示窗口，此时单击"应用新效果"按钮即可），可以在"3D旋转选项"对话框中设置相关参数，如图9.13所示。

位置：与凸出和斜角效果中的"位置"含义相同，可以在下拉列表中选择预设的旋转角度。

透视：用来设置透视角度，角度越大，透视效果越明显，如图9.14所示。

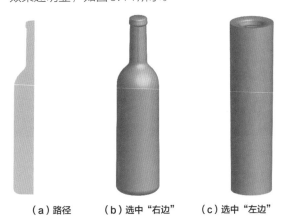

（a）路径　　　（b）选中"右边"　　　（c）选中"左边"

图 9.12　自

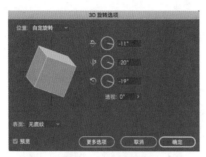

图 9.13　3D 旋转选项

（a）透视角度为 0°　　（b）透视角度为 80°　　（c）透视角度为 120°

图 9.14　透视

表面：用来控制变换后图形的光影效果。当选中"无底纹"时，旋转后的图形与原图形光影效果保持一致；当选中"扩散底纹"时，旋转后的图形表面会添加柔和的扩散光源，如图 9.15 所示。

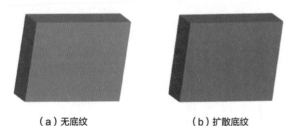

（a）无底纹　　　　　　　（b）扩散底纹

图 9.15　表面

　随学随练

在 Illustrator 中，使用 3D 效果命令可以制作具有立体效果的图像。本案例使用 3D 效果命令制作 3D 渐变球体。

【步骤 1】新建画板，文件名为"3D 球体"，尺寸为 1400px×1000px，颜色模式为 RGB，如图 9.16 所示。

【步骤 2】选中矩形工具，按住【Shift】键的同时按住鼠标左键并拖动，绘制一个小正方形；然后按住快捷键【Alt+Shift】的同时，按住鼠标左键并拖动，平行复制选中的矩形；按快捷键【Ctrl+D】重复复制；使用选择工具全选这些正方形，按快捷键【Ctrl+G】编组，如图 9.17 所示。

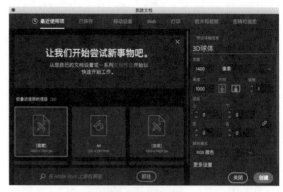

图 9.16　新建画板

图 9.17　绘制图形

【步骤 3】选中图形组，按住快捷键【Alt+Shift】的同时按住鼠标左键并拖动，复制该图层组；按快捷键【Ctrl+D】重复复制，如图 9.18 所示。

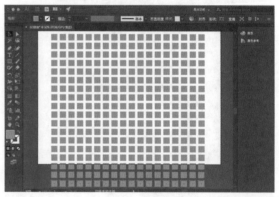

图 9.18　重复复制

【步骤 4】同时选中所有正方形进行编组，执行"窗口→符号"命令，选中图形组，按住鼠标左键并拖动到符号面板中，即可将所绘制的图形组保存为符号，如图9.19所示。

【步骤5】删除画板中的正方形图形组，然后选中椭圆工具绘制一个圆，如图9.20所示。

【步骤6】选中矩形工具，绘制一个右侧边经过圆心的矩形，同时选中两个图形，执行"窗口→路径查找器"命令，在路径查找器面板中单击■按钮，得到半圆，如图9.21所示。

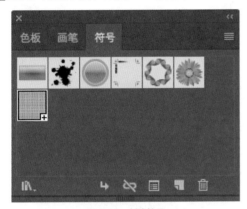

图9.19　创建符号

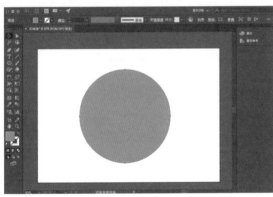

图9.20　绘制圆

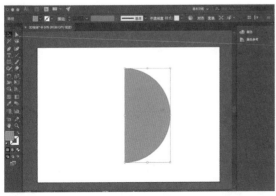

图9.21　制作半圆

【步骤7】选中半圆，执行"效果→3D→绕转"命令，在对话框中勾选"预览"选项；然后单击"贴图"按钮，可以在"贴图"对话框的"符号"栏中选中新建的符号，如图9.22所示。

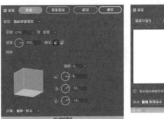（a）"3D绕转选项"对话框　　（b）"贴图"对话框

图9.22　执行效果命令

【步骤8】在"贴图"对话框中对符号进行缩放、移动、旋转操作，使符号铺满圆形，如图9.23所示。

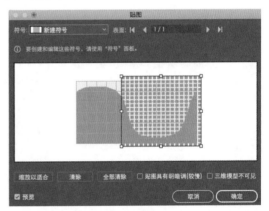

（a）编辑符号

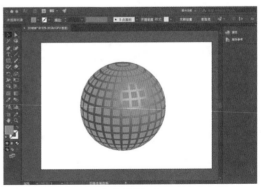

（b）铺满圆形

图9.23　贴图

【步骤9】选中圆形，执行"对象→扩展外

观"命令，然后单击鼠标右键，在快捷菜单中选择"取消编组"，删除多余的图形，如图9.24所示。

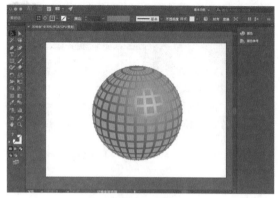

图 9.24　扩展对象

【步骤10】选中图形，单击鼠标右键，在快捷菜单中选择"释放剪切蒙版"，选中多余的图形并删除，如图9.25所示。

图 9.25　删除多余图形

【步骤11】选中图形，双击渐变工具图标，在渐变面板中可以设置渐变的色值，设置完成后，将鼠标指针置于图形之上或图形外侧，按住鼠标左键并拖动，可以控制渐变的方向，如图9.26所示。

9.2.2　SVG 滤镜

使用SVG滤镜可以在选中对象的表面添加多种滤镜效果。先使用选择工具选中目标对象，然后执行"效果→SVG滤镜→应用SVG滤镜"命令，即可在"应用SVG滤镜"对话框中选择一种预设的滤镜，如图9.27所示。单击"预览"按钮，可以预览滤镜的效果。

图 9.26　设置渐变

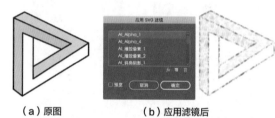

（a）原图　　　　（b）应用滤镜后

图 9.27　应用 SVG 滤镜

在"应用SVG滤镜"对话框中选中一种SVG滤镜后，单击 _fx_ 按钮，可以进入该滤镜的编码对话框。单击 按钮，可以在对话框中设置滤镜的代码。单击 按钮，可以删除选中的滤镜。

9.2.3　变形

使用变形效果可以对选中的图形进行多种变形操作。首先选中目标对象，然后执行"效果→变形"命令，可以在二级菜单中选择一种变形样式，如弧形、下弧形、上弧形、拱形、凸出、凹壳、凸壳、旗形、波形、鱼形、上升等，如图9.28所示。

图 9.28　变形

效果菜单中的变形效果与变形封套扭曲（"对象→封套扭曲→用变形建立"命令）的作用相同，在此不再赘述。

9.2.4　扭曲和变换

使用扭曲和变换效果可以对选中对象进行多

种扭曲变换，如变换、扭拧、扭转、收缩和膨胀、波纹效果、粗糙化、自由扭曲，如图9.29所示。本节将详细讲解这些命令的作用。

图9.29　扭曲和变换

1　变换

使用变换效果可以对选中的图形进行缩放、移动、旋转等操作。首先选中目标对象，然后执行"效果→扭曲和变换→变换"命令，可以在弹出的"变换效果"对话框中设置变换的样式和参数，如图9.30所示。效果菜单中的"变换"命令与"对象→变换→分别变换"命令产生的效果相同。

（a）原图

（b）设置参数

（c）变换效果

图9.30　变换

2　扭拧

使用扭拧效果可以使选中对象产生向内或向外的扭曲。首先选中目标对象，然后执行"效果→扭曲和变换→扭拧"命令，可以在弹出的"扭拧"对话框中设置相关参数，如图9.31所示。

3　扭转

使用扭转效果可以使选中的对象呈现旋转态。首先使用选择工具选中目标对象，然后执行"效果→扭曲和变换→扭转"命令，在弹出的"扭转"对话框中设置相关参数即可，如图9.32所示。

（a）原图

（b）设置参数

（c）扭拧效果

图9.31　扭拧

（a）原图

（b）设置参数

（c）扭转效果

图9.32　扭转

④ 收缩和膨胀

使用收缩和膨胀效果可以使选择的对象产生收缩或膨胀。首先选中目标对象，然后执行"效果→扭曲和变换→收缩和膨胀"命令，可以在"收缩和膨胀"对话框中设置相关参数。当参数值大于0%时，可以使图形产生膨胀效果；当参数值小于0%时，可以使图形产生压缩效果，如图9.33所示。

（a）原图

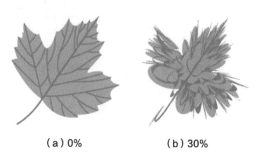

（a）0%　　　　　　（b）30%

（b）设置参数　　　　　（c）波纹效果

图9.34　波纹效果

（c）-30%

图9.33　收缩和膨胀

（a）原图

⑤ 波纹效果

使用波纹效果可以使图形边缘产生规则的锯齿。首先选中目标对象，然后执行"效果→扭曲和变换→波纹效果"命令，在"波纹效果"对话框中可以设置相关参数，如图9.34所示。"大小"一栏可以调整锯齿的高度，"每段的隆起数"可以调整锯齿的数量。

⑥ 粗糙化

使用粗糙化效果可以使图形边缘产生不规则的锯齿。选中目标对象，执行"效果→扭曲和变换→粗糙化"命令，可以在"粗糙化"对话框中设置相关参数，如图9.35所示。"大小"一栏可以调整锯齿的大小，"细节"一栏可以调整锯齿的数量，选中"平滑"可以使锯齿的角变为圆角，选中"尖锐"可以使锯齿的角变为尖角。

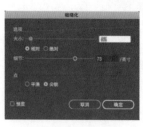

（b）设置参数　　　　　（c）粗糙化效果

图9.35　粗糙化

⑦ 自由扭曲

使用自由扭曲效果可以自由地扭曲图形。选中目标对象，执行"效果→扭曲和变换→自由扭曲"命令，可以在"自由扭曲"对话框中设置扭曲，如图9.36所示。在"自由扭曲"对话框中，将鼠标指针置于任意一个定界点上，按住鼠标左键并拖动，即可扭曲图形，设置完成后单击"确定"按钮。

（a）原图　　（b）设置自由扭曲　（c）自由扭曲效果

图 9.36　自由扭曲

9.2.5 栅格化

使用栅格化效果可以对矢量图进行栅格化，从而使其具有位图外观。首先选中一个矢量图，然后执行"效果→栅格化"命令，在弹出的"栅格化"对话框中设置相关项即可，如图9.37所示。值得注意的是，该命令只能使矢量图具有位图的外观（例如，放大显示有锯齿），不会将矢量图转化为位图。若需要将矢量图转化为位图，可以执行"对象→栅格化"命令。

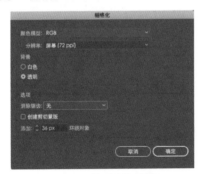

图 9.37　"栅格化"对话框

颜色模型：用来设置栅格化图形的颜色模式。单击下拉按钮，可以在列表中选择一种颜色模型。当矢量图为RGB模式时，可以为其选择RGB模式、灰度模式、位图模式的位图外观；当矢量图为CMYK模式时，可以为其选择CMYK模式、灰度模式、位图模式的位图外观。

分辨率：可以设置栅格化位图的分辨率。单击下拉按钮，可以在列表中选择屏幕（72ppi）、中（150ppi）、高（300ppi）、使用文档栅格效果分辨率和其他。选中"其他"，可以在后面的输入框中输入分辨率参数。

背景：用来设置矢量图的透明区域的填充样式。选中"白色"，可以将透明区域填充为白色；选中"透明"，原图中的透明区域保持透明。

消除锯齿：用来设置图形外观的锯齿处理方法。选中"无"，表示图形不消除锯齿；选中"优化图稿"，表示采用消除锯齿功能；选中"优化文字"，表示采用适用于文字的消除锯齿方法。

打开一个矢量图文件，使用选择工具选中目标图形，然后执行"效果→栅格化"命令，在"栅格化"对话框中设置颜色模型、分辨率等，如图9.38所示。

（a）原图

（b）设置参数　　　　（c）栅格化效果

图 9.38　栅格化

9.2.6 路径

路径效果针对的是图形的路径，该效果组包括位移路径、轮廓化对象、轮廓化描边3种效果。下面详细讲解这3种效果的作用。

① 位移路径

使用位移路径效果可以使路径向外扩展或向

内收缩，该效果经常用于制作文字背板。首先选中目标对象，然后执行"效果→路径→位移路径"命令，在弹出的"偏移路径"对话框中设置相关参数即可，如图9.39所示。

图9.39 "偏移路径"对话框

位移：用来设置偏移的大小。当参数大于0时，路径向外扩展；当参数小于0时，路径向内收缩，如图9.40所示。

（a）原图　　　　　　（b）位移为5px

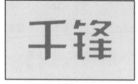

（c）位移为 -2px

图9.40　位移

连接：用来设置路径扩展或收缩后拐角或结束点的样式。单击下拉按钮，可以在列表中选择斜接、圆角、斜角，如图9.41所示。

（a）斜接　　　　　　（b）圆角

（c）斜角

图9.41　连接

② **轮廓化对象/轮廓化描边**

执行"效果→路径→轮廓化对象"命令，选中对象不会发生变化（该情况应该属于软件漏洞）。若需要将文字对象转换为轮廓，可以在选中文字对象的前提下，执行"文字→创建轮廓"命令（快捷键为【Ctrl+Shift+O】），如图9.42（a）所示。如果需要将描边转换为轮廓，可以在选中图形对象的前提下，执行"对象→路径→轮廓化描边"命令，如图9.42（b）所示。

（a）创建轮廓

（b）轮廓化描边

图9.42　创建轮廓/轮廓化描边

9.2.7　路径查找器

使用路径查找器效果组可以对路径进行多种操作，如相加、交集、差集、相减、减去后方对象、分割、修边、合并、裁剪等，如图9.43所示，这些效果只适用于组、图层和文字对象。效果菜单中的路径查找器效果组大致与窗口菜单中的路径查找器面板功能相同。

9.2.8　转换为形状

使用转换为形状效果组可以将矢量图或文字转换为矩形、圆角矩形、椭圆。选中目标对象，然后执行"效果→转换为形状→矩形"命令，在弹出的"形状选项"对话框中可以设置相关参数，将选中的对象转换为矩形，如图9.44所示。

图 9.43　路径查找器效果组

图 9.45　风格化效果组

（a）原图

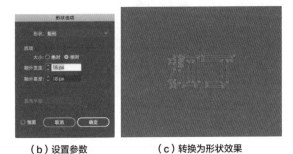

（b）设置参数　　　　（c）转换为形状效果

图 9.44　转换为形状

9.2.9 │ 风格化

使用风格化效果组可以为目标对象添加内发光、圆角、外发光、投影、涂抹、羽化效果，如图9.45所示。下面详细讲解这几种效果的添加方法。

🔵 内发光

使用"内发光"命令可为选中对象添加内部发光的效果。首先选中目标对象，然后执行"效果→风格化→内发光"命令，可以在"内发光"对话框中设置混合模式、内发光的颜色、不透明度、模糊范围等，如图9.46所示。

图 9.46　"内发光"对话框

模式：单击下拉按钮，可以选择内发光的混合模式，如正常、正片叠底、滤色、叠加、柔光、强光、颜色减淡、颜色加深、变暗等，每种混合模式产生的内发光效果不一样。单击后方的色块，可以在"拾色器"对话框中设置内发光的颜色。

不透明度：用来设置内发光的不透明度，参数值越大，内发光越明显。

模糊：用来设置内发光的过渡距离，参数值越大，内发光的过渡越自然，覆盖的区域也越大。

中心：选中该选项，内发光从中心向外发散，如图9.47所示。

（a）原图

图 9.47　中心

（b）设置参数　　　　　（c）添加效果后

图 9.47　中心（续）

边缘：选中该选项，内发光从图形边缘向内发散，如图9.48所示。

（a）原图

（b）设置参数　　　　　（c）添加效果后

图 9.48　边缘

圆角

使用"圆角"命令可以使矢量图的角点转换为平滑的圆角。首先选中目标对象，然后执行"效果→风格化→圆角"命令，可以在"圆角"对话框中设置圆角的大小，如图9.49所示。

（a）原图　　　　　（b）添加效果后

图 9.49　圆角

外发光

使用"外发光"命令可以使图像边缘向外产生光晕效果，该效果与内发光效果相反。首先选中目标对象，然后执行"效果→风格化→外发光"命令，可以在"外发光"对话框中设置混合模式、外发光颜色、不透明度、模糊范围，如图9.50所示。"外发光"对话框与"内发光"对话框类似，在此不再赘述。

（a）原图

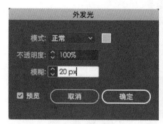

（b）设置参数　　　　　（c）添加效果后

图 9.50　外发光

投影

使用"投影"命令可以为选中对象添加投影效果。首先选中目标对象，然后执行"效果→风格化→投影"命令，可以在"投影"对话框中进行相关设置，如模式、不透明度、X位移、Y位移、模糊、颜色等，如图9.51所示。

图 9.51　"投影"对话框

模式：用来设置投影的混合模式，如正常、

正片叠底、滤色、叠加、柔光、强光等。

　　不透明度：用来设置投影的不透明度，参数值越大，投影越明显。

　　X位移：用来设置投影在横轴上的位移。当参数为正数时，投影会显示在图像的右侧；当参数为负数时，投影会显示在图像的左侧，如图9.52所示。

（a）16px　　　　　（b）−16px

图9.52　X位移

　　Y位移：用来设置投影在纵轴上的位移。当参数为正数时，投影会显示在图像的上侧；当参数为负数时，投影会显示在图像的下侧，如图9.53所示。

（a）16px　　　　　（b）−16px

图9.53　Y位移

　　模糊：用来设置投影的模糊程度，参数值越大，投影越模糊，如图9.54所示。

（a）10px　　　　　（b）30px

图9.54　模糊

　　颜色/暗度：选中"颜色"选项，单击后面的色块，可以在拾色器中设置投影的颜色；选中"暗度"选项，可以设置投影的暗度。

⑤ **涂抹**

　　使用"涂抹"命令可以为图像添加手绘效果的线条。首先选中一个矢量图，然后执行"效果→风格化→涂抹"命令，可以在"涂抹选项"对话框中设置相关参数，如图9.55所示。

（a）原图　　（b）设置参数　　（c）添加效果后

图9.55　涂抹

⑥ **羽化**

　　使用"羽化"命令可以使图像产生边缘模糊的效果，如图9.56所示。首先选中目标对象，然后执行"效果→风格化→羽化"命令，可以在弹出的"羽化"对话框中设置参数。

（a）原图

（b）添加效果后

图9.56　羽化

随学随练

在 Illustrator 中，使用效果菜单中的命令可以对矢量图或像素图进行多种样式的变换，从而使图像产生丰富的效果。本案例利用扭曲和变换中的"变换"命令绘制绚丽的图像。

【步骤1】打开 Illustrator 软件，新建画板，尺寸为500px×300px，颜色模式为RGB，如图9.57所示。

【步骤2】在工具栏中选中矩形工具，将鼠标指针置于画板中，单击鼠标左键，在"新建"对话框中设置宽度为500px，高度为300px，填充颜色为深蓝色，如图9.58所示。

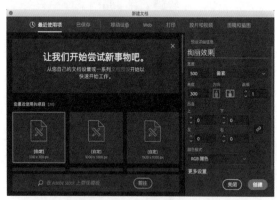

图 9.57　新建画板

图 9.58　绘制矩形

【步骤3】在工具栏中选中星形工具 ☆，将鼠标指针置于画板中，单击鼠标左键，在"新建"对话框中将角点数设置为4，单击"确定"按钮；使用选择工具选中该四角星，将鼠标指针置于四角星的一个角外，按住【Shift】键的同时，拖动鼠标，将四角星旋转90°，如图9.59所示。

图 9.59　绘制四角星

【步骤4】单击工具栏下方的按钮 ⇄，将填充和描边互换；选中四角星，适当等比例放大图像，在工具属性栏中将描边宽度设置为0.5px，如图9.60所示。

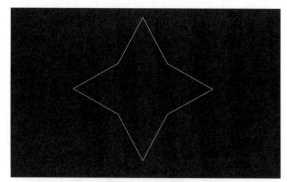

图 9.60　设置四角星属性

【步骤5】选中四角星，执行"效果→扭曲和变换→变换"命令，在"变换效果"对话框中设置相关参数，将"缩放"的水平和垂直参数都设置为98%，旋转角度设置为119°，副本数设置为80，单击"确定"按钮，如图9.61所示。

图 9.61　设置变换参数

【步骤6】选中图像，在工具属性栏中单击

"描边",在面板中勾选"虚线",将"虚线"设置为0,"间隙"设置为5pt,将端点设置为圆头端点,宽度设置为1.5pt,如图9.62所示。

图9.62　设置描边属性

【步骤7】使用选择工具选中图像,在工具栏中将描边色块置于填充色块的上方,双击工具栏中的渐变工具,在渐变面板中将渐变类型设置为"径向",然后将渐变颜色设置为青色到蓝色,并调整渐变色的控制位置,如图9.63所示。

图9.63　设置渐变

【步骤8】选中绘制的图像,按住快捷键【Shift+Alt】,将图像等比例放大到铺满画板,然后将背景矩形和图像与画板水平、垂直居中对齐;选中深蓝色矩形,按快捷键【Shift+Ctrl+】】将其置于顶层,复制一份;同时选中图像和深蓝色矩形,按快捷键【Ctrl+7】建立剪切蒙版,如图9.64所示。

图9.64　建立剪切蒙版

【步骤9】选中文字工具,输入"千锋教育",在工具属性栏中设置文字的字体、填充颜色、大小;再输入www.qfedu.com,设置好相关参数,最终效果图如图9.65所示。

图9.65　最终效果图

9.3 Photoshop 效果

使用Photoshop效果可以为矢量图或位图添加多种效果,如效果画廊、像素化、扭曲、模糊、画笔描边、素描、纹理、艺术效果等。接下来详细讲解这些效果。

9.3.1 效果画廊

效果画廊是多种效果的集合。执行"效果→效果画廊"命令,可以在"效果画廊"对话框中为选中对象设置多种效果,如图9.66所示。

预览:用来显示添加效果后的图像,单击左下角的回与回按钮,可以调节预览图像的显示比例;也可单击右侧的下拉按钮,在列表中选择预设的显示比例。

效果选择区:该区域中有6个效果组,包括风格化、画笔描边、扭曲、素描、纹理、艺术效果(每种效果的作用和用法将在后面详细讲解)。单击任意一个效果组前面的三角形按钮，即可显示该组的所有效果命令，单击一个效果，即可在参数设置区设置相关参数。

图 9.66　效果画廊

参数设置区：用来设置选中的效果的相关参数，设置完成后，单击"确定"按钮即可；单击"默认值"按钮，可以使效果的各项参数恢复到默认状态。

当前使用效果：用来显示选中对象添加的效果名称。

9.3.2 | 像素化

像素化效果组包括彩色半调、晶格化、点状化和铜版雕刻4种效果。接下来详细说明这4种效果的作用。

① 彩色半调

使用彩色半调效果可以使图像呈现半调网屏印刷效果。首先选中目标对象，然后执行"效果→像素化→彩色半调"命令，可以在"彩色半调"对话框中设置相关参数，如图9.67所示。

在"彩色半调"对话框中，"最大半径"用来设置彩色半调半径的大小。参数值越大，圆形色块越大，如图9.68所示。"网角"用来设置四种通道的角度。

（a）原图

图 9.67　彩色半调

（b）设置参数　　　（c）添加效果后

图 9.67　彩色半调（续）

（a）最大半径为8　　　（b）最大半径为16

图 9.68　最大半径

② 晶格化

使用晶格化效果可以使图像中相同颜色的像素联合成纯色色块。选中目标对象，然后执行"效果→像素化→晶格化"命令，在"晶格化"对话框中可以设置单元格大小，如图9.69所示。

（a）原图

（b）设置参数　　　（c）添加效果后

图 9.69　晶格化

③ 点状化

使用点状化效果可以将图像中的颜色分解为网点。首先选中目标对象，然后执行"效果→像素化→点状化"命令，可以在"点状化"对话框中设置单元格大小，如图9.70所示。"单元格大小"参数值越大，网点越大。

（a）原图

（b）设置参数

（c）添加效果后

图9.70　点状化

④ 铜版雕刻

使用铜版雕刻效果可以对图像进行多种效果的点、线填充。首先使用选择工具选中目标对象，然后执行"效果→像素化→铜版雕刻"命令，可以在"铜版雕刻"对话框中设置类型。单击"类型"右侧的下拉按钮，可以在列表中选择精细点、中等点、粒状点、粗网点、短直线、长直线等，如图9.71所示。

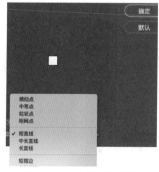

图9.71　"铜版雕刻"对话框

"铜版雕刻"对话框中设置的类型决定了图像的显示效果，在此展示"精细点"类型和"短直线"类型的效果，读者可以自行试验其他类型的效果，如图9.72所示。

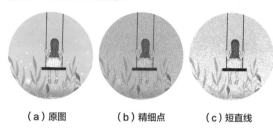

（a）原图　　（b）精细点　　（c）短直线

图9.72　铜版雕刻

9.3.3 | 扭曲

扭曲效果组中有3种效果，包括扩散亮光、海洋波纹和玻璃。接下来详细讲解这些效果的用法和作用。

① 扩散亮光

使用扩散亮光效果可以使图像的颜色柔和扩散，而且可以将白色的颗粒散布到图像上。首先选中目标对象，然后执行"效果→扭曲→扩散亮光"命令，可以在弹出的"扩散亮光"对话框中设置相关参数，如图9.73所示。

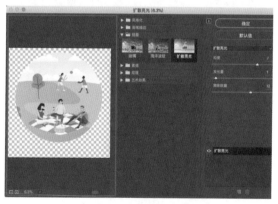

图9.73　"扩散亮光"对话框

在"扩散亮光"对话框中，可以设置粒度、发光量、清除数量。粒度参数值越大，颗粒感越明显；发光量参数值越大，图像的亮度越大；清除数量参数值越大，不受光线影响的范围越大。选中一个图像，添加扩散亮光效果，如图9.74所示。

（a）原图

（b）添加效果后

图9.74　扩散亮光

（b）添加效果后

图9.76　海洋波纹（续）

② 海洋波纹

使用海洋波纹效果可以使图像产生随机的波纹。首先选中目标对象，然后执行"效果→扭曲→海洋波纹"命令，可以在"海洋波纹"对话框中设置相关参数，如图9.75所示。设置好参数后，单击"确定"按钮即可。

图9.75　"海洋波纹"对话框

在"海洋波纹"对话框中，可以设置波纹大小和波纹幅度，这两个参数值越大，波纹效果越明显，如图9.76所示。

（a）原图

图9.76　海洋波纹

③ 玻璃

使用玻璃效果可以使图像产生多种类型的玻璃纹理。首先选中目标对象，然后执行"效果→扭曲→玻璃"命令，可以在"玻璃"对话框中设置相关参数，如扭曲度、平滑度、纹理、缩放等，如图9.77所示。

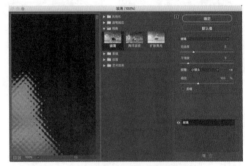

图9.77　"玻璃"对话框

扭曲度：用来设置选中对象的扭曲程度，取值范围为0～20，参数值越大，图像的扭曲程度越大。

平滑度：用来设置变形的平滑程度，取值范围为1～15，参数值越大，变形越平滑。

纹理：单击该栏，可以在列表中选择纹理的样式，如块状、画布、磨砂、小镜头，各种纹理产生的扭曲效果不一样，如图9.78所示。

（a）块状

（b）画布

图9.78　纹理

（c）磨砂

（d）小镜头

图9.78　纹理（续）

缩放：用来放大或缩小纹理，取值范围为50% ～ 200%。

反相：勾选该选项，可以使玻璃纹理反向显示。

9.3.4 | 模糊

使用模糊效果组可以使图像产生多种类型的模糊效果，包括径向模糊、特殊模糊和高斯模糊。下面详细讲解3种模糊效果的作用和使用方法。

① 径向模糊

使用径向模糊效果可以使图像产生以一个点为中心的旋转或放射状模糊效果。选中目标对象后，执行"效果→模糊→径向模糊"命令，可以在"径向模糊"对话框中设置相关参数，如图9.79所示。

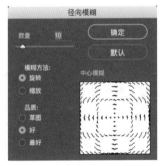

图9.79　"径向模糊"对话框

数量：用来设置径向模糊效果的强度，可以拖动控制条上的滑块或者在输入框中输入参数来更改模糊的强度，参数值越大，模糊的强度越大。

模糊方法：用来设置模糊的方式，包括"旋转"和"缩放"。选中"旋转"，可以使图像产生旋转模糊效果，如图9.80（a）所示；选中"缩放"，可以使图像产生放射状模糊效果，如图9.80（b）所示。

（a）旋转

（b）缩放

图9.80　模糊方法

中心模糊：用来设置径向模糊的中心点。按住鼠标左键并拖动即可改变径向模糊的中心点。

品质：用来设置模糊的质量。选中"草图"，会使模糊的图像产生颗粒感，选中"好"或"最好"，可以使径向模糊过渡平滑，如图9.81所示。

（a）草图

（b）好

（c）最好

图9.81　品质

② 特殊模糊

使用特殊模糊效果可以使图像的模糊产生清晰边界。首先选中目标对象，然后执行"效果→模糊→特殊模糊"命令，可以在"特殊模糊"对话框中设置相关选项，如图9.82所示。

图9.82　特殊模糊

在"特殊模糊"对话框中，可以设置模糊半径、阈值、品质和模式。"半径"用来控制模糊的范围，参数值越大，模糊的范围越大。"阈值"用来控制模糊效果对图像的影响程度，参数值越大，模糊效果对图像的影响越小。在"品质"选项栏中可以选择低、中、高三种选项，品质越高，模糊效果越平滑。在"模式"选项栏中可以选择正常、仅限边缘、叠加边缘三种选项。

③ 高斯模糊

使用高斯模糊效果可以使图像整体产生模糊效果。首先选中目标对象，然后执行"效果→模糊→高斯模糊"命令，可以在"高斯模糊"对话框中设置半径参数，如图9.83所示。

图9.83　"高斯模糊"对话框

在"高斯模糊"对话框中，半径参数值越大，图像模糊效果越明显，如图9.84所示。

（a）半径为5　　　　（b）半径为25

图9.84　高斯模糊

9.3.5　画笔描边

画笔描边效果组包括喷溅、喷色描边、墨水轮廓、强化的边缘、成角的线条、深色线条、烟灰墨、阴影线。接下来讲解这些效果的作用和用法。

① 喷溅

使用喷溅效果可以使图像产生喷溅感，执行"效果→画笔描边→喷溅"命令后，可以在"喷溅"对话框中设置喷溅半径和平滑度。喷溅半径参数值越大，喷溅的颗粒感越强；平滑度参数值越大，喷溅的效果越平滑，如图9.85所示。

② 喷色描边

喷色描边效果和喷溅效果类似。首先选中

目标对象，然后执行"效果→画笔描边→喷色描边"命令，可以在"喷色描边"对话框中设置描边长度、喷色半径和描边方向，效果如图9.86所示。

（a）原图　　　　　　（b）添加效果后

图9.85　喷溅

（a）原图

（b）添加效果后

图9.86　喷色描边

③ 墨水轮廓

使用墨水轮廓效果可以使图像产生钢笔画的粗糙感。首先选中目标对象，然后执行"效果→画笔描边→墨水轮廓"命令，在弹出的"墨水轮廓"对话框中可以设置相关参数，如描边长度、深色强度、光照强度，最后单击"确定"按钮即可，效果如图9.87所示。

（a）原图　　　　　　（b）添加效果后

图 9.87　墨水轮廓

④ **强化的边缘**

使用强化的边缘效果可以使图像中物体的边缘更明显。首先选中目标对象，然后执行"效果→画笔描边→强化的边缘"命令，可以在"强化的边缘"对话框中设置边缘宽度、边缘亮度、平滑度，最后单击"确定"按钮即可，效果如图9.88所示。

（a）原图　　　　　　（b）添加效果后

图 9.88　强化的边缘

⑤ **成角的线条**

使用成角的线条效果可以使图像的颜色朝一定方向流动。首先选中目标对象，然后执行"效果→画笔描边→成角的线条"命令，可以在"成角的线条"对话框中设置相关参数，如方向平衡、描边长度、锐化程度，设置完参数，单击"确定"按钮即可，效果如图9.89所示。

（a）原图　　　　　　（b）添加效果后

图 9.89　成角的线条

⑥ **深色线条**

使用深色线条效果可以让短而暗的线条填充暗色区域，长而亮的线条填充亮色区域。首先选中目标对象，然后执行"效果→画笔描边→深色线条"命令，可以在"深色线条"对话框中设置相关参数，如平衡、黑色强度、白色强度，设置好参数后，单击"确定"按钮即可，效果如图9.90所示。

（a）原图　　　　　　（b）添加效果后

图 9.90　深色线条

⑦ **烟灰墨**

使用烟灰墨效果可以使图像具有国画风格。首先选中目标对象，然后执行"效果→画笔描边→烟灰墨"命令，可以在"烟灰墨"对话框中设置相关参数，如描边宽度、描边压力、对比度，设置好参数后，单击"确定"按钮即可，效果如图9.91所示。

（a）原图　　　　　　（b）添加效果后

图 9.91　烟灰墨

⑧ **阴影线**

使用阴影线效果可以在图像上添加类似划痕的线条。首先选中目标对象，然后执行"效果→画笔描边→阴影线"命令，可以在"阴影线"对话框中设置相关参数，如描边长度、锐化程度、强度，设置好参数后，单击"确定"按钮即可，效果如图9.92所示。

（a）原图　　　　　　（b）添加效果后

图9.92　阴影线

9.3.6 │ 素描

素描效果组包括14种效果，如便条纸、半调图案、图章、基底凸现、影印、撕边、水彩画纸、炭笔、石膏效果、绘图笔等。接下来详细讲解这些效果的使用方法和作用。

❶ 便条纸

使用便条纸效果可以使图像像画在草纸上一样。选中目标图像后，执行"效果→素描→便条纸"命令，可以在"便条纸"对话框中设置相关参数，如图像平衡、粒度、凸现，设置好参数后，单击"确定"按钮即可，效果如图9.93所示。

（a）原图　　　　　　（b）添加效果后

图9.93　便条纸

❷ 半调图案

使用半调图案效果可以让圆形、网点或直线填充图像。首先选中目标图像，然后执行"效果→素描→半调图案"命令，可以在"半调图案"对话框中设置相关参数，如大小、对比度、图案类型（圆形、网点、直线），设置好相关参数后，单击"确定"按钮即可，效果如图9.94所示。

❸ 图章

使用图章效果可以使图像呈现木刻或图章盖

印效果。首先选中目标图像，然后执行"效果→素描→图章"命令，可以在"图章"对话框中设置相关参数，如明暗平衡、平滑度，设置完成后，单击"确定"按钮即可，效果如图9.95所示。

（a）原图　　　　　　（b）添加效果后

图9.94　半调图案

（a）原图　　　　　　（b）添加效果后

图9.95　图章

❹ 基底凹现

使用基底凹现效果可以使图像变得像浮雕一样。首先选中目标图像，然后执行"效果→素描→基底凹现"命令，可以在"基底凹现"对话框中设置相关参数，如细节、平滑度、光照方向，设置好参数后，单击"确定"按钮即可，效果如图9.96所示。

（a）原图　　　　　　（b）添加效果后

图9.96　基底凹现

⑤ **影印**

使用影印效果可以使图像呈现拓印感。首先选中目标图像，然后执行"效果→素描→影印"命令，可以在"影印"对话框中设置相关参数，如细节、暗度，设置完成后，单击"确定"按钮即可，效果如图9.97所示。

（a）原图

（b）添加效果后

图9.97　影印

⑥ **撕边**

使用撕边效果可以使图像中物体的边缘呈现撕纸效果。首先选中目标图像，然后执行"效果→素描→撕边"命令，可以在"撕边"对话框中设置相关参数，如图像平衡、平滑度、对比度，设置好参数之后，单击"确定"按钮即可，效果如图9.98所示。

（a）原图

（b）添加效果后

图9.98　撕边

⑦ **水彩画纸**

使用水彩画纸效果可以使图像变得像水彩画。首先选中目标图像，然后执行"效果→素描→水彩画纸"命令，可以在"水彩画纸"对话框中设置相关参数，如纤维长度、亮度、对比度，设置好参数后，单击"确定"按钮即可，如图9.99所示。

⑧ **炭笔**

使用炭笔效果可以使图像产生色调分离。选中目标图像后，执行"效果→素描→炭笔"命令，

可以在"炭笔"对话框中设置炭笔粗细、细节、明/暗平衡，设置好参数后，单击"确定"按钮即可，如图9.100所示。

（a）设置参数

（b）添加效果后

图9.99　水彩画纸

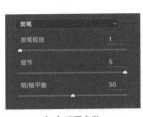
（a）设置参数

（b）添加效果后

图9.100　炭笔

⑨ **炭精笔**

使用炭精笔效果可以使图像产生黑白分明的纹理。首先选中目标图像，然后执行"效果→素描→炭精笔"命令，在"炭精笔"对话框中可以设置前景色阶、背景色阶、纹理等参数，设置好参数后，单击"确定"按钮即可，如图9.101所示。

⑩ **石膏效果**

使用石膏效果可以使图像呈现石膏雕塑感。首先选中目标图像，然后执行"效果→素描→石膏效果"命令，在"石膏效果"对话框中可以设置图像平衡参数、平滑度参数、光照方向，设置完相关参数后，单击"确定"按钮即可，如图9.102所示。

⑪ **粉笔和炭笔**

使用粉笔和炭笔效果可以使图像产生粉笔和炭笔的涂抹感。首先选中目标图像，然后执行"效果→素描→粉笔和炭笔"命令，在对话框中可

以设置炭笔区、粉笔区、描边压力，设置完成后，单击"确定"按钮即可，如图9.103所示。

（a）设置参数　　　　（b）添加效果后

图9.101　炭精笔

（a）设置参数　　　　（b）添加效果后

图9.102　石膏效果

（a）设置参数　　　　（b）添加效果后

图9.103　粉笔和炭笔

🔘 绘图笔

使用绘图笔效果可以使图像呈现钢笔素描画的质感。首先选中目标图像，然后执行"效果→素描→绘图笔"命令，可以在"绘图笔"对话框中设置相关参数，如描边长度、明/暗平衡等，设置好参数后，单击"确定"按钮即可，如图9.104所示。

（a）设置参数　　　　（b）添加效果后

图9.104　绘图笔

🔘 网状

使用网状效果可以使图像产生明暗分明的网格。首先选中目标图像，然后执行"效果→素描→网状"命令，可以在"网状"对话框中设置浓度、前景色阶、背景色阶，设置完成后，单击"确定"按钮即可，如图9.105所示。

（a）设置参数　　　　（b）添加效果后

图9.105　网状

🔘 铬黄渐变

使用铬黄渐变效果可以使图像产生金属浇铸质感。选中目标图像，执行"效果→素描→铬黄"命令，可以在"铬黄渐变"对话框中设置细节和平滑度，设置完参数后，单击"确定"按钮即可，如图9.106所示。

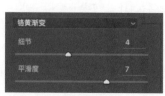 

（a）设置参数　　　　（b）添加效果后

图9.106　铬黄渐变

9.3.7 | 纹理

纹理效果组中有6种效果，包括拼缀图、染色玻璃、纹理化、颗粒、马赛克拼贴、龟裂缝。下面详细讲解这些效果的用法和作用。

① 拼缀图

使用拼缀图效果可以使图像变为由众多方块拼缀而成，方块的颜色由该区域的主色调决定。首先选中目标图像，然后执行"效果→纹理→拼缀图"命令，可以在"拼缀图"对话框中设置方形大小和凸现参数，设置完成后，单击"确定"按钮即可，如图9.107所示。

（a）设置参数　　（b）添加效果后

图 9.107　拼缀图

方形大小：用来设置方块的大小，参数值越大，方块越大，图像越粗糙。

凸现：用来设置方块拼缀的凹凸程度，参数值越大，纹理凹凸越明显。

② 染色玻璃

使用染色玻璃效果可以使图像呈现由多边形玻璃网格组成的质感。首先选中目标图像，然后执行"效果→纹理→染色玻璃"命令，可以在"染色玻璃"对话框中设置单元格大小、边框粗细、光照强度，设置好参数后，单击"确定"按钮即可，如图9.108所示。

（a）设置参数　　（b）添加效果后

图 9.108　染色玻璃

单元格大小：用来设置多边形玻璃网格的大小，参数值越大，多边形越大，图像越粗糙。

边框粗细：用来设置多边形玻璃网格的边框粗细，参数值越大，边框越粗。

光照强度：用来设置多边形玻璃网格的光照强度，参数值越大，亮度越大。

③ 纹理化

使用纹理化效果可以使图像产生砖、粗麻布、画布、砂岩的纹理。首先选中目标图像，然后执行"效果→纹理→纹理化"命令，可以在"纹理化"对话框中设置纹理的样式、缩放和凸现参数及光照方向，设置好参数后，单击"确定"按钮即可，如图9.109所示。

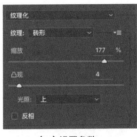 

（a）设置参数　　（b）添加效果后

图 9.109　纹理化

纹理：单击右侧的下拉按钮，可以在列表中选择纹理的样式，包括砖形、粗麻布、画布、砂岩四种，各种纹理产生的效果不一样。

缩放：拖动控制条上的滑块，可以设置缩放参数，参数值越大，纹理越粗大。

凸现：拖动控制条上的滑块，可以设置纹理的深度，参数值越大，图像的纹理越深。

光照：单击右侧的下拉按钮，可以选择光照的方向。

反相：勾选该选项，可以反转光照方向。

④ 颗粒

使用颗粒效果可以使图像产生颗粒感。首先选中目标图像，然后执行"效果→纹理→颗粒"命令，在"颗粒"对话框中可以设置强度、对比度、颗粒类型，设置好参数后，单击"确定"按钮即可，如图9.110所示。

⑤ 马赛克拼贴

使用马赛克拼贴效果可以使图像产生由多个碎片拼合而成的质感。首先选中目标图像，然后执行"效果→纹理→马赛克拼贴"命令，可以在"马赛克拼贴"对话框中设置拼贴大小、缝隙宽度、加亮缝隙三种参数，设置好参数后，单击"确定"按钮即可，如图9.111所示。

（a）设置参数　　　　（b）添加效果后

图 9.110　颗粒

（a）设置参数　　　　（b）添加效果后

图 9.111　马赛克拼贴

拼贴大小：用来设置碎片的大小，参数值越大，碎片越大。

缝隙宽度：用来设置碎片之间的缝隙大小，参数值越大，拼贴碎片之间的缝隙越大。

加亮缝隙：用来设置碎片之间的缝隙的明暗度，参数值越大，亮度越大。

🔟 **龟裂缝**

使用龟裂缝效果可以使图像产生龟裂感。首先选中目标图像，然后执行"效果→纹理→龟裂缝"命令，可以在对话框中设置裂缝间距、裂缝深度、裂缝亮度，设置好参数后，单击"确定"按钮即可，如图9.112所示。

裂缝间距：用来设置裂缝的间距，拖动控制条上的滑块可以修改参数值，参数值越大，缝隙间距越大。

裂缝深度：用来设置裂缝的深度，参数值越大，裂缝深度越大，效果越明显。

裂缝亮度：用来设置裂缝的亮度，参数值越大，裂缝的亮度越大。

（a）设置参数　　　　（b）添加效果后

图 9.112　龟裂缝

9.3.8　艺术效果

艺术效果组中有15种效果，包括塑料包装、壁画、干画笔、底纹效果、彩色铅笔、木刻、水彩、海报边缘、海绵、涂抹棒、粗糙蜡笔等，如图9.113所示。下面详细讲解这些效果的使用方法和作用。

图 9.113　艺术效果组

① **塑料包装**

使用塑料包装效果可以使图像产生具有立体感的塑料包装质感。首先选中目标图像，然后执行"效果→艺术效果→塑料包装"命令，可以在"塑料包装"对话框中设置相关参数，如高光强度、细节、平滑度，参数设置完成后，单击"确定"按钮即可，如图9.114所示。

② **壁画**

使用壁画效果可以使图像产生粗糙的壁画质感。选中目标图像后，执行"效果→艺术效果→

壁画"命令，可以在"壁画"对话框中设置画笔大小、画笔细节等，设置完成后，单击"确定"按钮即可，如图9.115所示。

（a）设置参数　　　（b）添加效果后

图 9.114　塑料包装

（a）设置参数　　　（b）添加效果后

图 9.115　壁画

3　干画笔

使用干画笔效果可以使图像产生由干画笔绘制的质感。选中目标图像，执行"效果→艺术效果→干画笔"命令，可以在"干画笔"对话框中设置画笔大小、画笔细节、纹理，设置好参数后，单击"确定"按钮即可，如图9.116所示。

（a）设置参数　　　（b）添加效果后

图 9.116　干画笔

4　底纹效果

使用底纹效果可以使图像产生多种纹理。首先选中目标图像，然后执行"效果→艺术效果→底纹效果"命令，可以在"底纹效果"对话框中

设置相关参数，如画笔大小、纹理覆盖、纹理、缩放、凸现等，如图9.117所示。

画笔大小：用来设置笔触大小，参数值越大，笔触越大。

纹理覆盖：用来设置笔触的细腻程度，参数值越大，纹理越细腻。

纹理：单击右侧的下拉按钮，可以在列表中选择纹理的类型，如砖形、粗麻布、画布、砂岩，各种纹理产生的效果不一样。

（a）设置参数　　　（b）添加效果后

图 9.117　底纹效果

缩放：用来设置纹理的缩放效果，参数取值范围为50%～200%。

凸现：用来设置纹理的深度，参数取值范围为0～50。

光照：用来设置光照的方向。

5　彩色铅笔

使用彩色铅笔效果可以使图像产生由彩色铅笔绘制的质感。首先选中目标图像，然后执行"效果→艺术效果→彩色铅笔"命令，可以在"彩色铅笔"对话框中设置相关参数，如铅笔宽度、描边压力、纸张宽度，设置完成后，单击"确定"按钮即可，如图9.118所示。

（a）设置参数　　　（b）添加效果后

图 9.118　彩色铅笔

⑥ 木刻

使用木刻效果可以使图像产生木刻质感。首先选中目标图像，然后执行"效果→艺术效果→木刻"命令，可以在"木刻"窗口中设置相关参数，如色阶数、边缘简化度、边缘逼真度，设置好参数后，单击"确定"按钮即可，如图9.119所示。

（a）设置参数　　　　（b）添加效果后

图9.119　木刻

⑦ 水彩

使用水彩效果可以使图像呈现水彩画质感。选中目标图像后，执行"效果→艺术效果→水彩"命令，可以在"水彩"对话框中设置画笔细节、阴影强度、纹理，设置完参数后，单击"确定"按钮即可，如图9.120所示。

（a）设置参数　　　　（b）添加效果后

图9.120　水彩

⑧ 海报边缘

使用海报边缘效果可以将图像中颜色差异较大的边缘填充为黑色，使图像产生海报效果。执行"效果→艺术效果→海报边缘"命令，在"海报边缘"对话框中设置边缘厚度、边缘强度、海报化参数，如图9.121所示。

⑨ 海绵

使用海绵效果可以使图像产生海绵浸湿的质感。选中目标图像后，执行"效果→艺术效果→海绵"命令，可以在"海绵"对话框中设置画笔

大小、清晰度、平滑度，如图9.122所示。

（a）设置参数　　　　（b）添加效果后

图9.121　海报边缘

（a）设置参数　　　　（b）添加效果后

图9.122　海绵

⑩ 涂抹棒

使用涂抹棒效果可以使图像产生蜡笔涂抹的质感。选中目标图像，然后执行"效果→艺术效果→涂抹棒"命令，可以在"涂抹棒"对话框中设置描边长度、高光区域、强度，设置完成后，单击"确定"按钮即可，如图9.123所示。

（a）设置参数　　　　（b）添加效果后

图9.123　涂抹棒

⑪ 粗糙蜡笔

使用粗糙蜡笔效果可以使图像产生粗糙蜡笔的浮雕纹理。选中目标图像，然后执行"效果→艺术效果→粗糙蜡笔"命令，可以在"粗糙蜡笔"对话框中设置相关参数，如描边长度、描边细节、纹理、缩放、凸现等，设置好参数后，单击"确定"按钮即可，如图9.124所示。

（a）设置参数　　　　（b）添加效果后

图 9.124　粗糙蜡笔

⑫ 绘画涂抹

使用绘画涂抹效果可以使图像产生被涂抹过的质感。执行"效果→艺术效果→绘画涂抹"命令，可以在"绘画涂抹"对话框中设置相关参数，如画笔大小、锐化程度、画笔类型，设置好参数后，单击"确定"按钮即可，如图 9.125 所示。

（a）设置参数　　　　（b）添加效果后

图 9.125　绘画涂抹

⑬ 胶片颗粒

使用胶片颗粒效果可以使图像产生胶片颗粒感。执行"效果→艺术效果→胶片颗粒"命令，可以在"胶片颗粒"对话框中设置颗粒、高光区域、强度等参数，如图 9.126 所示。

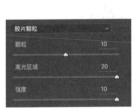 

（a）设置参数　　　　（b）添加效果后

图 9.126　胶片颗粒

⑭ 调色刀

使用调色刀效果可以使图像中颜色相近的部分相互融合。首先选中目标图像，然后执行"效

果→艺术效果→调色刀"命令，可以在"调色刀"对话框中设置相关参数，如描边大小、描边细节、软化度，如图 9.127 所示。

（a）设置参数　　　　（b）添加效果后

图 9.127　调色刀

⑮ 霓虹灯光

使用霓虹灯光效果可以使图像产生被霓虹灯光照射的质感。首先选中目标图像，然后执行"效果→艺术效果→霓虹灯光"命令，可以在"霓虹灯光"对话框中设置相关参数，设置完成后，单击"确定"按钮即可，如图 9.128 所示。

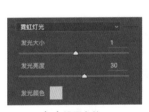 

（a）设置参数　　　　（b）添加效果后

图 9.128　霓虹灯光

9.3.9　视频

视频效果组中有 2 种效果，包括 NTSC 颜色和逐行。选中目标图像，然后执行"效果→视频→NTSC 颜色"命令，即可为图像添加 NTSC 颜色滤镜效果，如图 9.129（a）所示。选中目标图像，然后执行"效果→视频→逐行"命令，可以在"逐行"对话框中勾选相关选项，效果如图 9.129（b）所示。

9.3.10　风格化

风格化效果组只包含 1 个效果：照亮边缘。使用照亮边缘效果可以使图像中的物体轮廓凸显出来。选中目标图像，然后执行"效果→风格化→

（a）NTSC 颜色　　　　　（b）逐行

图 9.129　视频

照亮边缘"命令，可以在"照亮边缘"对话框中

设置边缘宽度、边缘亮度、平滑度，设置好参数后，单击"确定"按钮即可，如图 9.130 所示。

（a）设置参数　　　　　（b）添加效果后

图 9.130　风格化

9.4　外观

为图像添加效果或填充、描边后，若需要更改这些外观样式，可以执行"窗口→外观"命令，在外观面板中选中一种外观样式或效果，然后对该样式或效果进行更改。接下来详细讲解更改外观的方法。

9.4.1　外观面板

首先选中一个图像，然后执行"窗口→外观"命令（快捷键为【Shift+F6】），可以调出外观面板，如图 9.131 所示。在外观面板中，可以添加新填色、添加新描边、清除外观等。

添加新描边：单击□按钮，可以添加一个新的描边。

添加新填色：单击▥按钮，可以添加一个新的填色。

添加新效果：单击 fx.按钮，可以在下拉列表中选择一个效果，设置好参数后，单击"确定"按钮即可。

清除外观：单击⊘按钮，可以清除选中对象的所有外观样式，清除外观样式后，在外观面板中，效果、描边和填充都为空，如图 9.132 所示。

复制所选项目：在外观面板中选中填充、描边或效果，然后单击▦按钮，即可对外观样式进行复制。

删除：在外观面板中选中一种样式，单击▨按钮即可将其删除。

图 9.131　外观面板

图 9.132　清除外观

可视性：用来控制外观样式的显示与隐藏，单击◉按钮可以使该外观样式隐藏，再次单击可以使外观样式显示。

9.4.2　编辑外观样式

在外观面板中，可以对某个或多个外观样式进行编辑，如更改外观样式、复制外观样式、更改样式顺序等。下面详细讲解这些编辑操作的方法。

1 更改外观样式

为图像添加描边、填充或效果后，可以在外观面板中单击需要更改的样式的名称，进入对应的编辑对话框，更改相关参数，如图9.133所示。

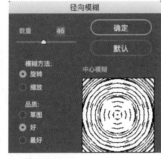

图9.133　更改外观样式

选中目标图像，执行"窗口→外观"命令，在外观面板中，单击需要编辑的外观样式的名称，如"径向模糊"，即可进入"径向模糊"对话框，在对话框中更改相关选项和参数，单击"确定"按钮即可。

若需要更改描边或填充的颜色，可以在外观面板中单击描边或填充色块，在"拾色器"对话框中设置颜色。

2 复制外观样式

在外观面板中，可以对一种或多种外观样式进行复制。首先在外观面板中选中需要复制的外观样式，然后单击外观面板右下方的 按钮即可，如图9.134所示。复制得到的样式默认排列在下方。

图9.134　复制外观样式

3 更改样式顺序

样式的顺序会影响图像的显示效果，在外观面板中可以调整样式的顺序。选中需要调整位置的样式，然后按住鼠标左键不放将其拖动到目标位置，松开鼠标左键即可，如图9.135所示。

（a）选中样式　　　（b）更改顺序

图9.135　更改样式顺序

4 扩展外观样式

为图像添加外观样式后，可以对这些外观样式进行扩展，使其变为可以单独编辑的对象。首先选中目标图像，然后执行"对象→扩展外观"命令，即可对图像的外观样式进行扩展，扩展后的图像处于编组状态。单击鼠标右键，在快捷菜单中单击"取消编组"，可以解除编组状态，然后选中任意图层，即可对图形进行单独编辑，如图9.136所示。

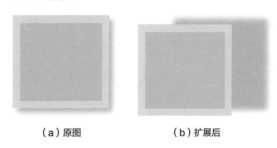

（a）原图　　　　　（b）扩展后

图9.136　扩展外观样式

若需要对填充和描边进行扩展，可以选中扩展外观后得到的具有填充和描边的图形，然后执行"对象→扩展"命令，在弹出的"扩展"对话框中，勾选"填充"和"描边"，然后执行取消编组操作，即可对填充和描边进行单独编辑，如图9.137所示。

（a）设置参数

（b）扩展后

图 9.137　扩展填充和描边

9.5 本章小结

　　本章主要讲解 Illustrator 中的效果和外观的相关知识，第 1 节总体阐述了效果菜单中的两大效果，第 2 节讲解了 Illustrator 效果的使用方法和作用，第 3 节讲解了 Photoshop 效果的使用方法和作用，第 4 节对外观面板中的各项功能进行了详细的说明。通过本章的学习，读者可以掌握效果菜单中各种效果的使用方法，也可以通过外观面板对外观样式进行多种编辑操作。

9.6 习题

1. 填空题

（1）效果菜单分为_____和_____。

（2）使用 3D 效果组中的_____效果可以将二维图形转换为具有立体效果的图形；使用_____效果可以将绘制的路径以垂直轴为旋转轴进行旋转，从而得到立体图形。

（3）使用路径效果组中的_____可以使路径向外扩展或向内收缩，该效果经常用于制作文字背板。

（4）使用_____效果组可以为目标对象添加内发光、圆角、外发光、投影、涂抹、羽化效果。

（5）使用模糊效果组可以使图像产生多种类型的模糊效果，包括_____、_____和高斯模糊。

2. 选择题

（1）效果菜单的 3D 效果组包括（　　）3 种效果。（多选）

　　A. 凸出和斜角　　　　　B. 绕转　　　　C. 位移路径　　　　　D. 旋转

（2）以下属于 Illustrator 效果中的风格化效果组的是（　　）。（多选）

　　A. 内发光　　　　　B. 圆角　　　　C. 外发光

　　D. 涂抹效果　　　　E. 羽化

（3）使用（　　）效果可以使图像产生以一个点为中心的旋转或放射状模糊效果。

　　A. 径向模糊　　　　　B. 特殊模糊　　　C. 动感模糊　　　　　D. 高斯模糊

（4）在 Illustrator 中，调出外观面板的快捷键为（　　）。

A. Shift+F10　　　　B. Shift+Alt+F6

C. Shift+F6　　　　　D. Shift+Ctrl+F6

（5）在Illustrator中，执行（　　）命令可以将图像的效果外观转换为可以单独编辑的对象。

A. 对象→扩展外观　　B. 对象→扩展

C. 对象→栅格化　　　D. 对象→路径→轮廓化描边

3. 思考题

（1）简述凸出和斜角效果的使用方法。

（2）简述扩展外观样式的方法。

4. 操作题

利用3D效果制作魔方，如图9.138所示。

图9.138　魔方

第 10 章

图表和符号

在 Illustrator 中，使用图表工具组中的图表工具可以对数据进行图表化处理，从而使数据具有更为直观的可视化效果。另外，使用符号工具组中的符号工具可以对符号进行复制，也可以对绘制的符号进行缩放、紧缩、旋转等操作。本章将详细讲解图表工具组和符号工具组中的多种工具的使用。

本章学习目标

- 掌握图表工具组中各种工具的使用方法
- 掌握符号工具组中各种工具的使用方法

10.1 图表工具组

在实际工作中，通过Excel软件可以将数据转换为图表，从而使数据的起伏变化更加直观。同样，在Illustrator中也可以使用图表工具将表格中的数据转换为多种样式的图表。长按工具栏中的 📊图标，可以调出图表工具组中的所有工具，如图10.1所示。接下来详细讲解每种图表工具的使用方法。

图 10.1 图表工具组

10.1.1 柱形图工具

在工具栏中选中柱形图工具（快捷键为【J】），然后将鼠标指针置于画板中，按住鼠标左键不放并拖动，可以在图表数据输入框中输入数值，也可以将外部数据导入，使数据转换为柱形图，如图10.2所示。

导入数据：单击🔳按钮，可以导入本地文件中的数据。

换位行和列：单击🔳按钮，可以将行和列进行互换，数据和柱形图也会随之发生变化。

切换x/y：创建散点图表时，单击🔳按钮，可以切换x轴和y轴。

单元格样式：单击🔳按钮，可以在"单元格样式"对话框中设置小数位数和列宽度，如图10.3所示。

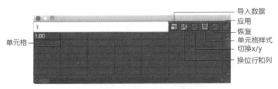

图 10.2 图表数据输入框

图 10.3 单元格样式

恢复：单击🔄按钮，可以将输入的参数清除。

应用：单击✔按钮，可以将设置的参数或其他项目添加到图表中。

单元格：选中单元格后，可以输入参数。

在工具栏中选中柱形图工具，在图表数据输入框中输入数值，第一行和第一列可以输入图表标签和图例名称，单击✔按钮，即可将数据转换为柱形图，如图10.4所示。

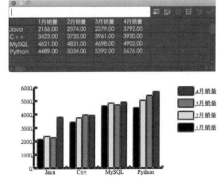

图 10.4 柱形图工具

若需要绘制精确大小的柱形图，可以在选中柱形图工具的前提下，将鼠标指针置于画板上，单击鼠标左键，在弹出的"图表"对话框中设置图表的宽度和高度，如图10.5所示。单击右侧的🔗按钮，可以使宽度和高度的比例不变。设置好参数后，单击"确定"按钮即可。

图 10.5 "图表"对话框

10.1.2 | 堆积柱形图工具

堆积柱形图用不同高度的矩形代表不同的数额，这些矩形是按顺序堆叠在一起的，便于观察数据的差异。在工具栏中选中堆积柱形图工具，然后按住鼠标左键拖出任意大小的区域以确定堆积柱形图的大小（也可以单击鼠标左键，然后在"图表"对话框中输入宽度和高度）；在图表数据输入框中输入数据，单击✔按钮即可，如图10.6所示。

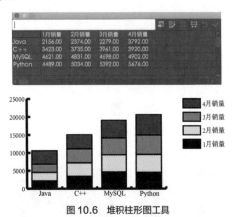

图 10.6　堆积柱形图工具

10.1.3 | 条形图工具

条形图用矩形的长度来表示数值的大小，每个数据都转化为一个从y轴延伸出的矩形，从而将数据的变换直观地显示出来。首先在工具栏中选中条形图工具，然后将鼠标指针置于画板中，按住鼠标左键不放并拖曳；在图表数据输入框中输入数据，单击✔按钮，即可创建条形图，如图10.7所示。

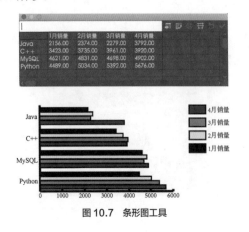

图 10.7　条形图工具

10.1.4 | 堆积条形图工具

堆积条形图与条形图类似，不同的是，堆积条形图将同一行数据转化成的矩形连续排列在平行于x轴的矩形中。在工具栏中选中堆积条形图工具，将鼠标指针置于画板中，按住鼠标左键并拖曳；然后在图表数据输入框中输入数据，单击✔按钮，即可创建堆积条形图，如图10.8所示。

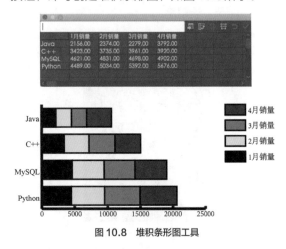

图 10.8　堆积条形图工具

10.1.5 | 折线图工具

使用折线图工具可以将数据的大小用点的位置来表示，然后用直线将同一组数据的相邻的点进行连接。折线图可以直观表现数据的变化趋势。首先在工具栏中选中折线图工具，然后将鼠标指针置于画板中，按住鼠标左键的同时拖动鼠标；在图表数据输入框中输入数值，然后单击✔按钮，即可创建折线图，如图10.9所示。

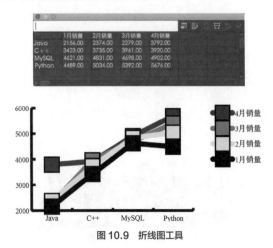

图 10.9　折线图工具

10.1.6 面积图工具

面积图将图表中的数据用点表示,然后连接各点,并对形成的区域进行填充。首先在工具栏中选中面积图工具,然后按住鼠标左键不放并拖动;在图表数据输入框中输入数值,然后单击 ✅ 按钮,即可创建面积图,如图 10.10 所示。

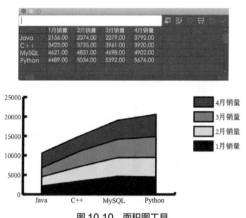

图 10.10 面积图工具

10.1.7 散点图工具

散点图以 x 轴和 y 轴为坐标轴,将同一组数据中的两两相邻的数据标记在坐标图上,然后使用直线连接相邻的数据点。首先在工具栏中选中散点图工具,然后按住鼠标左键不放并拖动;在图表数据输入框中输入数值,然后单击 ✅ 按钮,即可创建散点图,如图 10.11 所示。

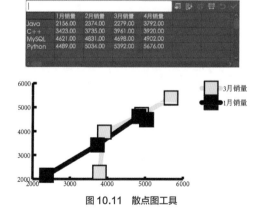

图 10.11 散点图工具

10.1.8 饼图工具

饼图将一组数据作为一个圆,每个数据对应圆中的一个扇形。使用饼图可以直观显示各个数据占总数的百分比。首先在工具栏中选中饼图工具,然后将鼠标指针置于画板中,按住鼠标左键的同时拖动;在图表数据输入框中输入数值,然后单击 ✅ 按钮,即可创建饼图,如图 10.12 所示。

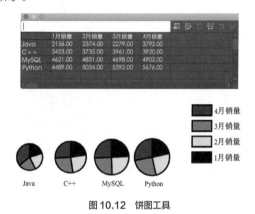

图 10.12 饼图工具

10.1.9 雷达图工具

使用雷达图工具可以将数据表中的数据转换为雷达图中的点,相邻的点由直线连接。首先在工具栏中选中雷达图工具,将鼠标指针置于画板中,按住鼠标左键不放并拖曳;在图表数据输入框中输入参数,单击 ✅ 按钮即可创建雷达图,如图 10.13 所示。

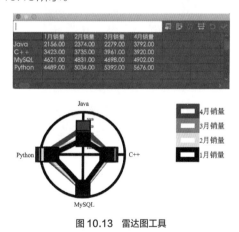

图 10.13 雷达图工具

随学随练

在 Illustrator 中,使用图表工具组中的图表工具可以将数字表格转换为多种类型的图表。本案例使用图表工具组中的柱形图工具，将表格中的数字转换为柱形图。

【步骤1】新建画板，文件名称为"柱形图"，宽度和高度均为1000px，颜色模式为RGB，如图10.14所示。

图10.14　新建画板

【步骤2】在工具栏中选中柱形图工具，将鼠标指针置于画板中，单击鼠标左键，在对话框中设置柱形图的宽度为500px，高度为200px，如图10.15所示。

图10.15　设置柱形图尺寸

【步骤3】在表格中选中一个单元格，在输入框中输入参数，如图10.16所示。

图10.16　输入参数

【步骤4】单击图表数据输入框右上方的✓按钮，即可将表格中的数据转换为柱形图，如图10.17所示。

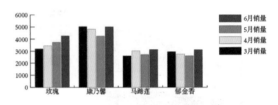

图10.17　柱形图

【步骤5】图表绘制完成后，可以更改柱形的填充、描边颜色。在工具栏中选中直接选择工具，单击需要更改颜色的柱形，然后在工具属性栏中更改填充或描边颜色即可，如图10.18所示。

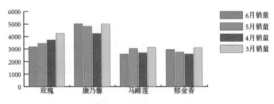

图10.18　更改填充色

10.2　编辑图表

创建图表的方法有两种，一种是创建任意大小的图表，另一种是创建精确大小的图表。创建完图表后，可以对图表进行再次编辑，如更换图表样式、编辑图表中的数据等。本节将详细讲解编辑图表的方法。

10.2.1　更换图表样式

创建完图表后，若需要调整图表的样式，如将柱形图更换为条形图，可以通过执行"对象→图表→类型"命令，在"图表类型"对话框的"类型"栏中选择需要的图表类型，如图10.19所示，然后单击"确定"按钮，即可将图表转换为选中的类型。在"图表类型"对话框中除了可以更换图表类型外，还可以调整数值轴的相关参数。接下来详细讲解这些操作。

🔵 **图表选项**

执行"对象→图表→类型"命令后，对话框左上方选项栏中默认选中的是"图表选项"，此时在对话框中除了可以修改图表的类型之外，还可以设置图表的数值轴、样式、列宽、簇宽度等。

数值轴：用来设置数值轴的位置。默认数值轴位于左侧，单击下拉按钮，可以在列表中选择"位于右侧""位于两侧"。选中"位于右侧"，可以使数值轴位于右侧；选中"位于两侧"，可以使数值轴在两侧都存在，如图10.20所示。

图10.19 图表类型

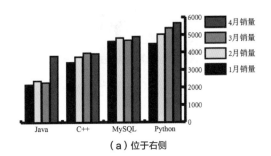

（a）位于右侧

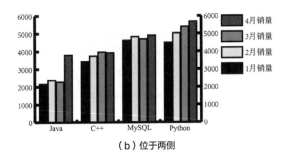

（b）位于两侧

图10.20 数值轴

样式：可以勾选"添加投影""第一行在前""在顶部添加图例""第一列在前"等。勾选"添加投影"选项，可以使条形图或者折线图产生投影效果，如图10.21（a）所示；当簇宽度大于100%时，勾选"第一行在前"选项可以使图表

第一行的图形压在第二行图形之上；当列宽大于100%时，勾选"第一列在前"选项可以使第一列的图形压在第二列图形之上；勾选"在顶部添加图例"选项，可以在图表上方添加图例，如图10.21（b）所示。

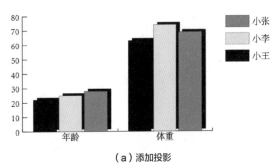

（a）添加投影

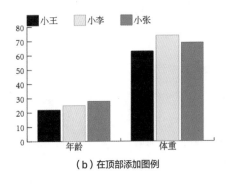

（b）在顶部添加图例

图10.21 样式

选项：图表的类型不同，选项栏的参数就不同。当图表类型是柱形图或堆积柱形图时，可以在选项栏中设置列宽和簇宽度，列宽的参数用来控制柱形的宽度，参数值越大，柱形的宽度就越大，当参数值大到一定程度时，柱形图会有部分重叠区域；簇宽度用来控制柱形图的总宽度，当参数值大于100%时，柱形图会溢出到坐标轴之外。选中其他的图表类型，"选项"栏的参数也会发生变化，在此不再赘述。

数值轴

在"图表类型"对话框中，还可以对数值轴进行编辑。单击"图表类型"对话框左上方的选项栏，可以在列表中选择"数值轴"，此时在对话框中可以设置多个参数的取值，如图10.22所示。

刻度值：勾选"忽略计算出的值"，可以设置最大值、最小值、刻度3个参数，其中，最大值用来设置坐标轴的最大刻度值，最小值用来设置坐标轴的最小刻度值，刻度用来设置最大刻度值和最小刻度值之间的刻度线数量，如图 10.23 所示。

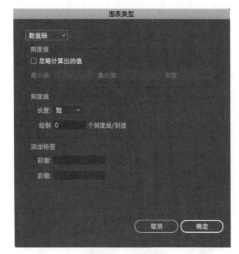

图 10.22　数值轴

（a）设置刻度值

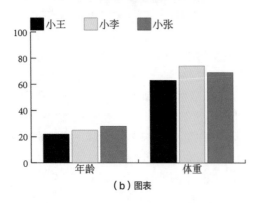

（b）图表

图 10.23　刻度值

刻度线：在"长度"栏中可以设置刻度线的样式，如无、短、全宽。选中"无"，坐标轴上没有刻度线；选中"短"，坐标轴上使用短的刻度线；选中"全宽"，坐标轴上使用贯穿图表的刻度线，如图 10.24 所示。

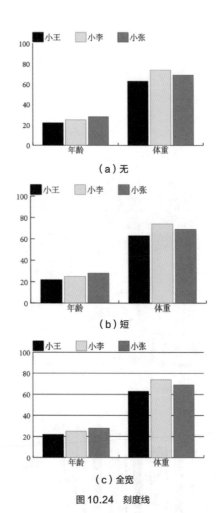

（a）无

（b）短

（c）全宽

图 10.24　刻度线

添加标签：可以在"前缀"或"后缀"文本框中输入标签名称，例如，在"后缀"文本框中输入"岁"，如图 10.25 所示。

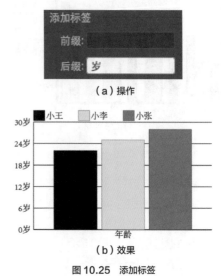

（a）操作

（b）效果

图 10.25　添加标签

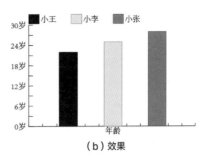

（b）效果

图 10.27 设置刻度线 / 刻度个数（续）

③ 类别轴

单击"图表类型"对话框左上方的选项栏，可以在列表中选择"类别轴"，此时在对话框中可以设置刻度线的长度、刻度线/刻度的个数。单击"长度"后的选项栏，选中"无"表示不显示刻度线，选中"短"表示使用短刻度线，选中"全宽"表示使用贯穿图表的刻度线，如图 10.26 所示。

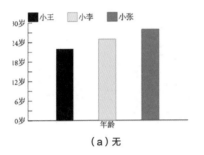

（a）无

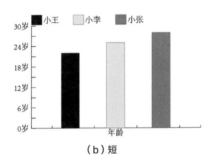

（b）短

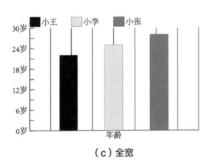

（c）全宽

图 10.26 类别轴

设置完类别轴的长度后，可以设置刻度线/刻度的个数，如图 10.27 所示。

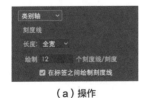

（a）操作

图 10.27 设置刻度线 / 刻度个数

10.2.2 修改图表细节

创建完图表后，可以对图表的填充或描边颜色进行修改，也可以编辑图表中的文字，从而使图表具有丰富的色彩效果。除此以外，还可以将其他图形定义为图表中的图案。接下来详细讲解修改图表细节的方法和步骤。

① 修改颜色和文字

Illustrator 默认的图表颜色是黑白色，若需要修改图表的颜色，可以使用直接选择工具选中要修改颜色的图形，然后双击工具栏下方的填充色块或描边色块，在"拾色器"对话框中设置颜色即可，如图 10.28 所示。

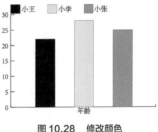

图 10.28 修改颜色

除了可以修改图表中图形的颜色外，还可以通过直接选择工具选中锚点（按住【Shift】键的同时单击锚点，可以同时选中多个锚点），然后对锚点进行移动操作，从而改变图形的形状，如图 10.29 所示。

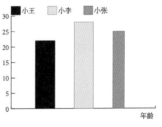

图 10.29 修改图形形状

在图表中，可以对坐标轴的标签或图例的文字进行修改。使用直接选择工具选中任意文字后，重新输入文字即可，例如将"年龄"修改为"年纪"，如图10.30所示。

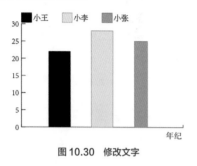

图10.30　修改文字

② 自定义图案

使用Illustrator绘制图表时，自动生成的图表样式较为单一，用户可以将其他图形转换为图表图案，从而丰富图表的样式。打开一个带有图形的文件，然后执行"对象→图表→设计"命令，在"图表设计"对话框中单击"新建设计"按钮，即可对新建的图表图案进行重命名等操作，如图10.31所示。完成编辑后，单击"确定"按钮即可。

图10.31　新建设计

新建设计：单击该按钮，可以将选中的图形创建为图表图案。

删除设计：单击该按钮，可以将选中的图案删除。

重命名：单击该按钮，可以对新建的图案进行重命名。

粘贴设计：单击该按钮，可以将选中的图案粘贴到图表中。

添加完图案后，可以将图案运用到图表中。首先选中创建的图表，然后执行"对象→图表→柱形图"命令，可以在"图表列"对话框中选取

一个图案；在"列类型"中选择一种排列类型，单击"确定"按钮即可，如图10.32所示。

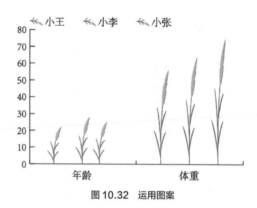

图10.32　运用图案

可以在"列类型"列表中选择排列的类型，包括垂直缩放、一致缩放、重复堆叠、局部缩放。选中"垂直缩放"，可以根据数值的大小，在垂直方向上缩放图案；选中"一致缩放"，可以根据数值大小对图案进行等比缩放；选中"重复堆叠"，下方的选项会被激活，可以在"每个设计表示"后面的输入框中输入具体的参数，Illustrator会根据数值的大小决定堆叠的个数，如图10.33（a）所示；选中"局部缩放"，可以根据数值的大小对图案的局部进行缩放，如图10.33（b）所示。勾选"旋转图例设计"选项，可以将图例的图案顺时针旋转90°，若不勾选该选项，图例的图案不会旋转。

当图表为线型图表或散点图表时，也可执行"对象→图表→标记"命令，将定义的图案应用到图表中，如图10.34所示。

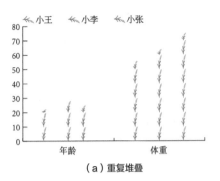

（a）重复堆叠

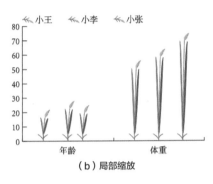

（b）局部缩放

图 10.33　列类型

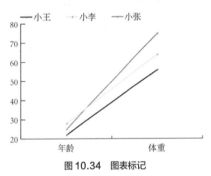

图 10.34　图表标记

10.3　符号面板

在符号面板中，可以选中某个符号，然后将该符号绘制在画板中。执行"窗口→符号"命令（快捷键为【Shift+Ctrl+F11】），在工具栏中选中符号喷枪工具，然后在符号面板中选中一个符号，将鼠标指针置于画板中，单击即可绘制符号。符号面板如图 10.35 所示。

图 10.35　符号面板

符号库菜单：单击该按钮，可以在下拉列表

中选择预设的符号组，如3D符号、Web按钮和条形、图表、地图、庆祝等；在打开的符号组中选中一种符号，然后将鼠标指针置于画板中，单击鼠标左键即可，如图 10.36 所示。

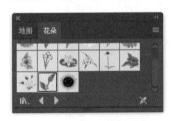

图 10.36　符号库

置入符号实例：在符号面板中选中一个符号后，单击该按钮，也可将选中的符号绘制到画板上。

断开符号链接：选中画板中的符号，单击该按钮，可以使选中的符号与面板中的符号断开链接，使该符号成为可以自由编辑的对象。

符号选项：单击该按钮，可以在"符号选

项"对话框中设置所选符号的名称等，如图 10.37 所示。

新建符号：使用选择工具选中一个绘制的形，然后单击符号面板中的该按钮，可以将绘制的图形保存为符号，从而使该图形可以重复使用，如图 10.38 所示。

图 10.37　符号选项

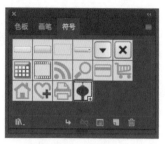

图 10.38　新建符号

删除：在符号面板中选中一个符号，然后单击该按钮，可以将选中的符号删除。

在符号面板中，除了可以进行以上操作外，还可以单击右上方的 ▤ 按钮，在列表中选择复制符号、编辑符号、缩览图视图、小列表视图、大列表视图等，在此不再赘述，读者可以自行试验。

10.4　符号工具组

在 Illustrator 中，可以使用符号工具组中的多种符号工具创建符号。符号工具组包括符号喷枪工具（快捷键为【Shift+S】）、符号移位器工具、符号紧缩器工具、符号缩放器工具、符号旋转器工具、符号着色器工具、符号滤色器工具、符号样式器工具，如图 10.39 所示。

图 10.39　符号工具组

使用符号喷枪工具可以将选中的符号绘制在画板中，使用其他符号工具可以对绘制的符号进行编辑。接下来详细讲解这些工具的使用方法。

10.4.1　符号喷枪工具

使用符号喷枪工具（快捷键为【Shift+S】）

可以在画板中绘制选中的符号。默认情况下，选中符号喷枪工具后单击画板可以绘制一个符号，按住鼠标左键并拖动，可以绘制一连串符号。若需要在绘制之前调整符号的画笔大小或样式，可以双击工具栏中的符号喷枪工具，在弹出的"符号工具选项"对话框中设置相关参数，如图 10.40 所示。

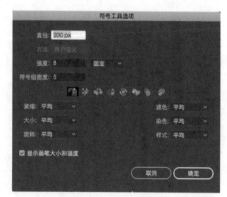

图 10.40　符号工具选项

直径：用来设置符号的画笔大小。

强度：用来控制符号工具绘制符号的数量，参数值越大，绘制的符号越多。

符号组密度：用来控制符号之间的空隙，参

数值越大，符号的密度就越大。

符号工具（以图标表示）：可以选中一种符号工具，用来控制符号喷射的效果。

10.4.2 符号移位器工具

使用符号移位器工具可以使绘制的符号的位置发生变化。首先在工具栏中选中符号移位器工具，然后按住鼠标左键并拖动鼠标，即可移动鼠标指针附近的符号图形，如图10.41所示。

（a）原图　　　　　　　（b）移动后

图10.41　符号移位器工具

10.4.3 符号紧缩器工具

使用符号紧缩器工具可以使符号图形以鼠标指针为中心聚集或使符号图形分散。首先使用选择工具选中符号图形，然后在工具栏中选中符号紧缩器工具，将鼠标指针移动到合适位置，按住鼠标左键并拖动，即可使鼠标指针周围的符号聚集，如图10.42所示。若需要使符号的间距拉大，可以在按住【Alt】键的同时，按住鼠标左键并向外拖动鼠标。

（a）原图　　　　　　　（b）紧缩后

图10.42　符号紧缩器工具

10.4.4 符号缩放器工具

使用符号缩放器工具可以放大或缩小符号图形。首先使用选择工具选中符号图形，然后在工具栏中选中符号缩放器工具，将鼠标指针置于需要缩放的符号图形上，单击鼠标左键，即可使该

符号以及周围的符号放大，按住【Alt】键的同时单击某个符号，可以使该符号及周围符号缩小，如图10.43所示。

（a）放大　　　　　　　（b）缩小

图10.43　符号缩放器工具

10.4.5 符号旋转器工具

使用符号旋转器工具可以使符号图形旋转。首先使用选择工具选中符号图形，然后在工具栏中选中符号旋转器工具，将鼠标指针置于画板中的符号图形上，然后按住鼠标左键并拖动，即可将符号旋转，如图10.44所示。

（a）原图　　　　　　　（b）旋转

图10.44　符号旋转器工具

10.4.6 符号着色器工具

使用符号着色器工具可以使用前景色填充选中的符号图形。首先使用选择工具选中符号图形，然后在工具栏中选中符号着色器工具，将鼠标指针置于画板中，单击鼠标左键，即可使符号的颜色更改为前景色，如图10.45所示。

（a）原图　　　　　　　（b）着色

图10.45　符号着色器工具

10.4.7 符号滤色器工具

使用符号滤色器工具可以使符号的透明度发生变化。首先使用选择工具选中目标符号，然后在工具栏中选中符号滤色器工具，将鼠标指针置于画板中的符号上，单击鼠标左键即可，如图10.46所示。

（a）原图　　　　　（b）滤色

图 10.46　符号滤色器工具

10.4.8 符号样式器工具

使用符号样式器工具可以为符号添加图形样式。首先使用选择工具选中符号图形，然后执行"窗口→图形样式"命令，在图形样式面板中选中一组样式；在工具栏中选中符号样式器工具，然后在调出的样式组中选中一种样式，将样式拖动到符号上，即可为该符号添加样式，如图10.47所示。

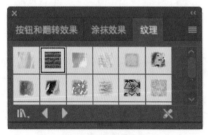

（a）样式组

（b）添加样式

图 10.47　符号样式器工具

 随学随练

在Illustrator中，可以将绘制的图形保存为符号，然后使用符号工具快速绘制多个该图形。本案例使用符号面板和符号工具绘制一幅落花缤纷图。

【步骤1】新建画板，文件名称为"樱花飘落"，尺寸为1500px×750px，颜色模式为RGB，如图10.48所示。

图 10.48　新建画板

【步骤2】选中矩形工具，绘制宽为1500px、高为750px的矩形；使用渐变工具为矩形填充渐变色，渐变色值设置为#50A8FD、#6AF969，如图10.49所示。

图 10.49　绘制矩形

【步骤3】选中钢笔工具绘制一片花瓣，将填充色值设置为#FACDCB，如图10.50所示。

【步骤4】使用选择工具选中绘制的花瓣图形，然后选中旋转工具，将旋转中心点移动到花瓣的下方；按住【Alt】键的同时，将鼠标指针置于旋转中心点上，单击鼠标左键，在弹出的对话框中将旋转角度设置为72°；单击"复制"按钮，即可对选中的花瓣图形进行旋转复制，按快捷键

【Ctrl+D】重复复制，如图10.51所示。

图10.50　绘制花瓣　　　　图10.51　复制花瓣

图10.55　置入素材

【步骤5】使用椭圆工具绘制一个圆，将该圆置于花瓣的中央，如图10.52所示。

【步骤6】选中一个花瓣，复制该花瓣，按住【Shift】键的同时，按住鼠标左键并拖动，将花瓣等比例放大；将放大的花瓣的填充色值设置为#F1778B，并对其进行旋转移动操作；对花瓣进行旋转复制，如图10.53所示。

【步骤9】双击符号喷枪工具图标，在对话框中设置直径为100px；执行"窗口→符号"命令，在符号面板中选中创建的樱花符号，在画板上单击鼠标左键绘制符号；绘制的一系列符号大小相同，可以使用符号缩放器工具对部分符号进行缩小或放大操作；使用符号移位器工具调整符号之间的距离，如图10.56所示。

图10.52　绘制圆　　　　图10.53　绘制花朵

图10.56　绘制符号

【步骤7】选中花瓣，按快捷键【Ctrl+G】进行编组，然后执行"窗口→符号"命令，在符号面板中单击⊞按钮，如图10.54所示。

【步骤8】置入素材图像10-1.png、10-2.png、10-3.png到"樱花飘落"文件中，调整位置和大小，如图10.55所示。

【步骤10】选中符号工具组中的符号滤色器工具，调整部分符号的透明度，最终效果图如图10.57所示。

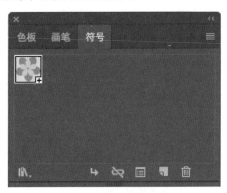

图10.54　创建符号

图10.57　最终效果图

10.5 图形形式

在Illustrator中可以为图形添加预设好的样式。执行"窗口→图形样式"命令，可以在图形样式面板中选中一种预设的样式，将该样式添加到图形上。

10.5.1 图形样式面板

执行"窗口→图形样式"命令（快捷键为【Shift+F5】），可以调出图形样式面板，在该面板中可以选中一个图形样式，将其运用到图形上，如图10.58所示。

图10.58 图形样式面板

图形样式库菜单 ：单击该按钮，可以在列表中选择一个图形样式组，在该图形样式组中单击一个图形样式，即可为选中图形添加该样式，如图10.59所示。

（a）原图

（b）3D效果

图10.59 图形样式

断开图形样式链接 ：单击该按钮，可以断开选中图形的样式与图形样式面板的链接，从而使图形的样式可以编辑。

新建图形样式 ：单击该按钮，可以将选中图形的样式保存到图形样式面板中，从而使该样式具有可复制性。在图形样式面板选中一个图形样式并拖动到该按钮上，可以复制该样式。

删除图形样式 ：单击该按钮，可以删除选中的图形样式。

合并图形样式：按住【Shift】键的同时，依次单击两个或多个图形样式，然后在扩展列表中选择"合并图形样式"（见图10.58），可以将选中的样式合并为一个样式，如图10.60所示。

（a）样式命名

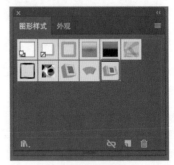

（b）合并后

图10.60 合并图形样式

10.5.2 创建图形样式

在Illustrator中，预设的图形样式种类有限，用户可以将绘制的图形保存为图形样式。首先选中目标图形，然后执行"窗口→图形样式"命令，单击图形样式面板右上方的 按钮，在列表中选择"新建图形样式"，即可将绘制的图形保存为图形样式，如图10.61所示。

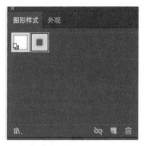

（a）选中图形　　　　（b）新建的图形样式

图 10.61　创建图形样式

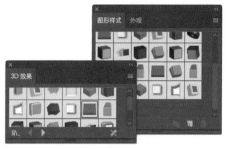

（a）选中图形样式

10.5.3 | 应用图形样式

将图形样式应用到目标图形上，可以使选中的图形具有该样式的效果。首先使用选择工具选中目标图形，然后执行"窗口→图形样式"命令，单击图形样式面板左下方的 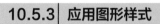 按钮，可以在列表中选中一个图形样式组，并将其中的一个图形样式应用到目标图形上，如图 10.62 所示。

（b）添加样式后

图 10.62　应用图形样式

10.6 本章小结

本章主要讲解 Illustrator 中的图表和符号的相关知识，第 1 节阐述了图表工具组中各种图表的创建方法，第 2 节讲解了编辑图表的相关操作，第 3 节讲解了符号面板的使用方法，第 4 节介绍了符号工具组中各种符号工具的使用方法，第 5 节解释了图形样式的概念和使用方法。通过本章的学习，读者可以掌握各种图表的创建方法，熟练使用符号工具绘制多种样式的符号，并掌握图形样式的创建方法。

10.7 习题

1. 填空题

（1）柱形图工具的快捷键为_____。

（2）符号喷枪工具的快捷键为_____。

（3）调出符号面板的快捷键为_____。

（4）调出图形样式面板的快捷键为_____。

（5）图表工具组包括_____、_____、_____、_____ 、_____、面积图工具、散点图工具、饼图工具、雷达图工具。

2. 选择题

（1）符号工具组包括（　　）等具体的符号工具（多选）。

　　A．符号喷枪工具　　　　　　　　B．符号移位器工具

C. 符号紧缩器工具　　　　　　　　D. 符号缩放器工具

E. 符号旋转器工具　　　　　　　　F. 符号着色器工具

G. 符号滤色器工具

（2）（　　　）是将一组数据作为一个圆，每个数据对应圆中的一个扇形，该图表可以直观显示各个数据占总数的百分比。

A. 柱形图　　　　　　　　　　　　B. 条形图

C. 折线图　　　　　　　　　　　　D. 饼图

（3）使用（　　　　）可以使绘制的符号的位置发生变化。

A. 符号移位器工具　　　　　　　　B. 符号缩放器工具

C. 符号旋转器工具　　　　　　　　D. 符号着色器工具

（4）使用符号紧缩器工具并按住（　　　）键可以使符号图形之间的距离拉大。

A. Shift　　　　B. Alt　　　　　　C. Shift+Ctrl　　　　　　D. Ctrl

（5）使用符号缩放器工具并按住（　　　）键可以使符号图形缩小。

A. Shift　　　　B. Shift+Ctrl　　C. Alt　　　　　　　　　　D. Ctrl

3．思考题

（1）简述柱形图工具的使用方法。

（2）简述符号喷枪工具的使用方法。

4．操作题

使用条形图工具将表10.1所示的数据转换为条形图。

表10.1　　　　　　　　　　　　　　　　　销售数据

商品	2月销量/件	3月销量/件	4月销量/件	5月销量/件
计算机	253	316	289	330
手机	412	394	407	374
电视机	266	248	294	265
洗衣机	293	268	256	305

第11章

切片与网页输出

使用 Illustrator 可以制作网页设计图，图像制作完成后，需要对图像进行输出，以便将其运用到网页开发中。本章将介绍与网页输出有关的工具，讲解 Web 安全色的概念以及 Web 图形输出的格式要求。

本章学习目标

- 了解 Web 安全色的概念
- 掌握切片工具和切片选择工具的使用方法
- 了解 Web 图形输出的格式规范

11.1 Web 安全色

不同的平台（Mac、PC等）有不同的调色板，不同的浏览器也有自己的调色板。这就意味着一幅图显示在Mac上的Web浏览器中的效果与它在PC上相同浏览器中显示的效果可能差别很大。

显示特定的颜色时，浏览器会尽量使用本身所用的调色板中与之最接近的颜色。如果调色板中没有该颜色，浏览器就会通过抖动或者混合自身的颜色来尝试产生该颜色。

在Illustrator中，使用拾色器调整图形的填充色或描边色时，"拾色器"对话框中有时会显示警示图标 ，提示该颜色在不同浏览器中的显示效果会不同；单击该图标，可以将该颜色替换为与之最接近的Web安全色，如图11.1所示。

（b）矫正颜色后

图 11.1　Web 安全色（续）

在"拾色器"对话框中，可以通过勾选左下方的"仅限Web颜色"选项，使拾色器中显示的颜色都为Web安全色，即选择其中任何颜色都可以在Web中正常显示，如图11.2所示。

（a）颜色警示

图 11.1　Web 安全色

图 11.2　仅限 Web 颜色

11.2 切片

在制作网页时，考虑到图片加载的速度问题，往往会将设计图裁切为多个图片，然后将这些图片组合在一起显示在Web浏览器中，以提升网页的加载速度。下面详细讲解切片的相关知识。

11.2.1 切片的概念

在Illustrator中，可以使用切片工具将制作的图像切割为几个部分。切片的种类有用户切片和自动切片，用户切片是用户创建的用于分割图像的切片，自动切片是软件根据用户切片的范围自动生成的切片，如图11.3所示。使用切片选择工

具可以选中某一个用户切片。

11.2.2 创建切片

创建切片的方法有多种，可以在工具栏中选中切片工具（快捷键为【Shift+K】）绘制用户切片的范围，也可以执行"对象→切片→创建"命令，或执行"对象→切片→从参考线创建/从所选对象创建"命令来创建切片。接下来详细讲解创建切片的方法。

● 切片工具创建切片

使用切片工具可以自定义用户切片的范围。

首先打开需要创建切片的图像，然后在工具栏中选中切片工具，或按快捷键【Shift+K】，此时鼠标指针变为与切片工具的图标一样的图案；将鼠标指针置于需要分割的位置，按住鼠标左键的同时拖动鼠标即可，如图11.4所示。

图11.3　切片

图11.4　切片工具创建切片

②　**从参考线创建切片**

在Illustrator中可以根据参考线的位置创建切片。首先打开图像，按快捷键【Ctrl+R】调出标尺，将鼠标指针置于文档窗口边缘的标尺上，按住鼠标左键并拖曳到画板的合适位置松开鼠标左键，创建参考线；然后执行"对象→标尺→从参考线创建"命令，即可根据参考线的位置创建切片，如图11.5所示。

图11.5　从参考线创建切片

③　**从所选对象创建切片**

使用"从所选对象创建"命令可以根据所选对象创建切片。首先打开图像，然后使用选择工具选中一个或多个图形，执行"对象→切片→创

建"命令，即可将选中的每一个图形创建为一个切片，如图11.6（a）所示；若多选图形后，执行"对象→切片→从所选对象创建"命令，会使所选的多个图形组成一个切片，如图11.6（b）所示。

（a）创建

（b）从所选对象创建

图11.6　从所选对象创建切片

11.2.3 | 编辑切片

使用切片工具或者其他创建切片的命令创建切片后，还可以对创建的切片进行编辑，如选择切片、移动切片、复制切片、调整切片范围、锁定切片、显示和隐藏切片、释放和删除切片等。接下来详细讲解这些操作的具体方法。

①　**选择和移动切片**

切片创建完成后，可以使用切片选择工具单选或多选切片，选中切片后，按住鼠标左键并移动，可以使选中的切片移动。首先使用切片工具或其他创建切片的命令，将设计图切割成多个单独的切片；然后在工具栏中选中切片选择工具，将鼠标指针置于需要选中的切片上，单击即可选中切片，若要多选切片，需要先按住【Shift】键，然后依次单击切片，如图11.7所示。

图11.7 选择切片

使用切片选择工具选中切片后，按住鼠标左键并拖动，即可移动切片，如图11.8所示。

图11.8 移动切片

② 复制切片

使用切片工具创建切片后，可以对切片进行复制。首先打开图像，然后使用切片工具在图像中创建切片；在工具栏中选中切片选择工具，选中需要复制的切片，按住【Alt】键的同时，按住鼠标左键并拖曳，即可对选中的切片进行复制，如图11.9所示。

图11.9 复制切片

③ 调整切片范围

使用切片工具创建完成切片后，可以对切片的范围进行调整。首先使用切片选择工具选中需要调整范围的切片，然后将鼠标指针置于切片的一个角上，按住鼠标左键并向内或向外拖曳，即

可改变切片的范围，如图11.10所示。

（a）原始切片

（b）调整切片后

图11.10 调整切片范围

④ 锁定切片

切片创建完成后，当切片较多时，可以将部分切片锁定，锁定的切片不能被选中、移动、复制。首先使用切片选择工具选中需要锁定的切片，然后执行"视图→锁定切片"命令，即可将选中的切片锁定。若需要对锁定切片进行解锁操作，可以再次执行"视图→锁定切片"命令。

⑤ 显示和隐藏切片

切片创建完成后，为了不影响显示效果，可以通过执行"视图→隐藏切片"命令，对切片进行隐藏。若需要再次显示切片，执行"视图→显示切片"命令即可。

⑥ 组合切片

使用切片工具创建的切片都是单独的切片，可以对多个切片进行组合，使这些切片变为一个切片。首先使用切片选择工具选中两个或多个切片，然后执行"对象→切片→组合切片"命令，即可使选中的切片合成为一个切片。

⑦ 释放和删除切片

切片创建完成后，还可以释放切片或删除多余切片。首先使用切片选择工具选中需要释放的

切片，然后执行"对象→切片→释放"命令，即可将选中的切片释放。如果需要删除多余的切片，首先使用切片选择工具选中需要删除的切片，然后按【Delete】键即可；也可以通过执行"对象→切片→全部删除"命令，将全部切片删除。

11.3 Web 图形输出

在Illustrator中制作完网页设计图后，需要将文件输出以供开发者使用。本节将详细讲解Web图形输出的相关操作。

11.3.1 存储为 Web 所用格式

图像制作完成后，使用切片工具创建合适的切片，执行"文件→导出→存储为Web所用格式"命令，或按快捷键【Shift+Ctrl+Alt+S】，在弹出的对话框中设置相关项目，然后单击"确定"按钮即可，如图11.11所示。

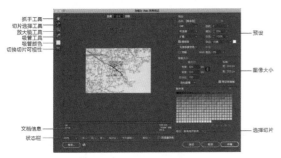

图11.11 存储为 Web 所用格式

抓手工具：放大预览尺寸后，预览窗口无法完整显示图像，可以使用抓手工具在预览窗口中拖动图像，以改变显示区域。

切片选择工具：当图像中存在多个切片时，用来选择图像中的切片。

放大镜工具：用来放大或缩小预览窗口中的图像。单击窗口可以放大预览尺寸，按住【Alt】键的同时单击窗口，可以缩小预览尺寸。

吸管工具：使用吸管工具可以吸取预览图像中的任意颜色。

吸管颜色：用来显示吸管工具吸取的颜色。

切换切片可视性：单击该按钮，可以显示或隐藏切片的定界框。

文档信息：用来显示图像的相关信息。

状态栏：显示鼠标指针所在位置的图像颜色信息。

预设：用来设置文件的名称、格式等。

图像大小：用来设置存储为Web图形的文件尺寸。

选择切片：单击下拉按钮，可以在列表中选择"所有切片""所有用户切片""选中的切片"。选择"所有切片"，可以将图像中的所有切片都导出到文件夹；选择"所有用户切片"，可以将图像中的所有用户切片导出；选择"选中的切片"，可以将切片选择工具选中的切片导出。

预览：单击对话框左下方的"预览"按钮，可以在浏览器中预览图像，如图11.12所示。

图11.12 预览

11.3.2 图像的格式选择

Illustrator软件主要用来制作印刷品设计图，除此之外，也可以使用Illustrator进行网页

设计，但是需要将设计图导出为Web所用的格式，在"存储为Web所用格式"对话框中，可以选择图像的导出格式，如GIF、JPEG、PNG-8、PNG-24等，如图11.13所示。

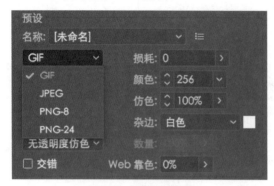

图11.13　图像的导出格式

GIF格式是一种无损压缩格式，这种格式的图片占用空间小，可以加快信息传输，但是这种格式只支持8位元色彩，如果图像的色彩丰富，保存为GIF格式会使图片的质量下降。JPEG格式是一种有损压缩格式，适用于颜色丰富的图像。PNG格式也是一种无损压缩格式，包括PNG-8和PGN-24两种，前者仅支持8位元色彩，适用于颜色较少的图像，后者支持24位元色彩，适用于颜色丰富的图像。

11.3.3　改变图像尺寸

在"存储为Web所用格式"对话框中，可以修改图像的宽度和高度，如图11.14所示。

图11.14　改变图像尺寸

对话框中显示了原稿的尺寸，在"宽度"输入框中可以输入宽度值，在"高度"输入框中可以输入高度值，当宽度和高度链接图标呈选中状态时，可以按比例缩放图像；也可以直接在"百分比"输入框中输入百分比参数，Illustrator会自动计算新的宽度和高度。勾选"剪切到画板"选项，可以将超出画板范围的图像裁切掉，导出文件仅仅保留画板内的图像。

11.3.4　颜色表

在"存储为Web所用格式"对话框中，当存储格式设置为GIF或PNG-8时，可以在右下方的颜色表中新建、删除、修改一种或多种颜色，如图11.15所示。减少颜色表中的颜色可以缩小文件。

图11.15　颜色表

删除颜色：单击选中需要删除的颜色色块，然后单击右下方的 按钮，即可将选中的颜色删除。

新建颜色：使用对话框左侧的吸管工具吸取预览窗口图像中的一种颜色，然后单击 按钮，即可将吸管吸取的颜色添加到颜色表中。

修改颜色色值：双击颜色表中的一个颜色色块，可以在拾色器中设置颜色的色值。

将选中的颜色映射为透明：在颜色表中选中一种颜色，然后单击 按钮，可以将选中的颜色映射为透明。

锁定颜色：在颜色表中选中一种颜色，然后单击 按钮，即可将选中的颜色锁定。

 随学随练

在Illustrator中，结合切片工具和相关命令可以将设计图中的切片导出为可以应用于屏幕的图片，从而运用到实际的项目代码中。本案例在设计图中创建切片和导出切片。

【步骤1】打开一个AI格式的源文件11-1.ai，如图11.16所示。

图 11.16　打开文件

【步骤2】在工具栏中选中选择工具，按住【Shift】键的同时，单击头部广告条、企业Logo、广告语、矩形广告，同时选中这几个对象，然后执行"对象→切片→建立"命令，即可将选中的对象创建为单独的切片，如图 11.17 所示。

图 11.17　创建切片

【步骤3】切片创建完成后，执行"文件→导出→导出为Web所用格式"命令，在对话框中将格式设置为PNG-8，在"导出"栏中选择"所有用户切片"，如图 11.18 所示。

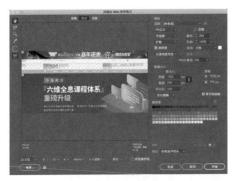

图 11.18　存储为 Web 所用格式

【步骤4】单击"存储"按钮，在弹出的"存储"对话框中设置文件的名称为qianfeng，存储位置为桌面，如图 11.19 所示。

图 11.19　存储设置

【步骤5】单击"存储"按钮，Illustrator会提示文件名称与Web浏览器不兼容，如图 11.20 所示，单击"确定"按钮即可将切片图像导出到桌面文件夹。

图 11.20　警示信息

【步骤6】回到计算机桌面，双击"图像"文件夹，即可在文件夹中找到分割好的切片图像，如图 11.21 所示。

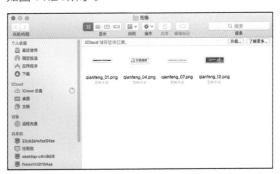

图 11.21　导出图像

11.4　本章小结

本章主要讲解了创建切片的方法和切片输出的步骤，第1节讲解了Web安全色的概念和矫正方法，第2节讲解了切片的概念、切片的创建和编辑，第3节讲解了Web图形输出的步骤。通过本章的学习，读者可以掌握切片的创建和存储方法。

11.5 习题

1. 填空题

（1）执行＿＿＿＿＿＿命令可以依据参考线创建切片。

（2）执行＿＿＿＿命令可以将选中的对象创建为单独的切片，执行＿＿＿＿命令可以将选中的多个对象创建为一个切片。

（3）使用切片工具或者其他创建切片的命令创建切片后，还可以对创建的切片进行编辑，如选择切片、＿＿＿＿、＿＿＿＿、＿＿＿＿、显示和隐藏切片、释放和删除切片等。

（4）使用切片选择工具选中需要锁定的切片，然后执行＿＿＿＿命令，即可将选中的切片锁定。使用切片选择工具选中需要释放的切片，然后执行＿＿＿＿命令，可以将选中的切片释放。

（5）图像制作完成后，使用切片工具创建合适的切片，执行＿＿＿＿命令，在弹出的对话框中设置相关项目，然后单击"确定"按钮即可将切片导出。

2. 选择题

（1）在Illustrator中，切片工具的快捷键是（　　　）。

　　A．Shift+K　　　　　B．Shift+Ctrl+K　　　　C．Shift+F　　　D．Ctrl+K

（2）若要复制切片，可以先选中需要复制的切片，按住（　　　）键的同时，按住鼠标左键并拖曳，即可对选中的切片进行复制。

　　A．Alt　　　　　　　B．Shift　　　　　　　C．Ctrl　　　　　D．Shift+Ctrl+Alt

（3）"存储为Web所用格式"的快捷键为（　　　）。

　　A．Ctrl+Shift+S　　　　　　　　　　　　　B．Ctrl+S

　　C．Ctrl+Alt+S　　　　　　　　　　　　　　D．Shift+Ctrl+Alt+S

（4）在Illustrator中，可以将设计图片导出为（　　　）三种格式。（多选）

　　A．GIF　　　　　　　B．PNG　　　　　　　C．JPEG　　　　　　　D．TIFF

（5）（　　　）格式是一种无损压缩格式，这种格式的图片占用空间小，可以加快信息传输，但是这种格式只支持8位元色彩。

　　A．GIF　　　　　　　B．PNG　　　　　　　C．JPEG　　　　　　　D．TIFF

3. 思考题

（1）简述创建切片的多种方法。

（2）简述导出切片的步骤。

4. 操作题

在Illustrator中，使用切片工具将图11.22中的卡片创建为切片。

图 11.22　题图

第 12 章

文件自动化处理

在日常生活中，工厂运用机器完成一系列相同的制造步骤，从而将人从繁复的工作中解放出来，减少了重复劳动，提高了生产效率。同样，在 Illustrator 中，也可以通过动作和批处理自动完成一系列相同的操作步骤，从而提高工作效率。

本章学习目标

- 掌握动作的创建方法
- 掌握批处理的操作步骤

12.1 动作

在Illustrator中，可以将一系列操作步骤记录下来创建为一个动作，然后通过执行这个动作完成对其他对象的编辑，从而大大降低工作的重复度和复杂度。下面详细讲解动作的录制和运用方法。

12.1.1 动作面板

在动作面板中可以录制、播放、编辑动作。执行"窗口→动作"命令，即可打开动作面板，如图12.1所示。单击动作前的 **>** 按钮，可以显示动作下的所有命令。单击 **✓** 按钮，可以将命令隐藏在该动作之下。

图12.1 动作面板

动作集：一系列动作的集合。在动作面板中，动作集的标志是前面有 ▣ 图标。

动作：一系列命令的集合。

命令：具体的操作命令。单击 **>** 按钮，可以显示该命令的具体参数。

停止播放/录制 ▣：在执行动作或录制动作的过程中，单击该按钮，可以停止执行或录制动作。

开始记录 ●：在动作面板中选中一个动作，然后单击该按钮，可以将接下来的操作保存在动作中，新的操作步骤追加在所有命令后面，如图12.2（a）所示；在动作面板中选中一个动作内的一个命令，然后单击该按钮，可以将新的操作步骤插入到该命令后，如图12.2（b）所示。

播放当前所选动作 ▶：选中一个动作或动作中的命令，然后单击该按钮，可以将选中的动作或命令运用到选中的图像上。

创建新动作集 ▣：用来新建一个空的动作集。单击该按钮，在"新建动作集"对话框中设置动作集的名称，单击"确定"按钮即可，如图12.3

所示。

（a）追加命令

（b）插入命令

图12.2 添加命令

图12.3 创建的新动作集

创建新动作 ▣：单击该按钮，可以在"新建动作"对话框中设置新动作的名称、所属动作集、功能键、颜色，如图12.4所示。单击"记录"按钮后，即可将接下来的操作记录在新建动作文件夹下，最后在动作面板中单击 ▣ 按钮即可。

图12.4 新建动作

删除所选动作 🗑：在动作面板中选中一个动作集、动作或动作中的命令，然后单击该按钮，即可将选中的动作集、动作或命令删除。

切换项目开关 ☑：单击该按钮，可以将其后的动作集、动作或动作中的命令关闭，关闭后的动作不会再执行；再次单击该按钮，可以开启其后的动作集、动作或命令。

12.1.2 新建/使用动作

在动作面板中，用户可以根据需要创建自定义的动作。首先在画板中选中一个图像，然后执行"窗口→动作"命令；单击█按钮，在"新建动作"对话框中设置动作的名称为"变换复制"，所属动作集设置为"旋转复制"，单击"记录"按钮，如图12.5所示。

（a）选中图像　　（a）"新建动作"对话框

图12.5　新建动作

单击"记录"按钮后，在Illustrator中的大部分操作都可以被记录。在工具栏中双击比例缩放工具图标，在"比例缩放"对话框中选中"等比"，设置比例参数为80%；单击"复制"按钮，得到缩放后的复制图像，如图12.6所示。在动作面板的"旋转复制"动作下生成"缩放"命令。

图12.6　"缩放"命令

在工具栏中双击旋转工具，在"旋转"对话框中设置旋转角度为10°，单击"确定"按钮，如图12.7所示。在动作面板的"旋转复制"动作下生成"旋转"命令。

图12.7　"旋转"命令

在动作面板中单击█按钮，即可结束动作的录制。在画板中选中目标对象，然后在动作面板中选中"旋转复制"动作，单击面板下方的▶按钮，即可执行一次动作，如图12.8所示。

图12.8　执行动作

连续多次单击▶按钮，即可得到图12.9所示的图像。

图12.9　多次执行动作

12.1.3 编辑动作

动作创建完成后，可以对动作进行编辑，如添加命令、删除动作或命令、在动作中插入停止、在动作中插入不可记录的命令等。接下来详细讲解这些操作。

① 添加命令

动作创建完成后，可以在动作中添加命令。首先在动作面板中选中一项命令，添加的命令将位于该命令后，然后单击 ● 按钮，执行相关操作，如移动等，操作完成后，单击 ■ 按钮即可，如图12.10所示。添加命令后，下次执行该动作时，该命令会被运用到选中的对象上。

图12.10　添加命令

② 删除动作或命令

动作执行完后，可以将该动作删除。在动作面板中选中需要删除的动作，然后单击面板下方的 🗑 按钮即可。同样，如果在录制动作时，因错误操作将不需要的命令保存到了动作中，可以选中该命令，然后单击 🗑 按钮，即可将多余的命令删除。

③ 在动作中插入停止

针对有些操作无法被记录到动作中的情况，可以在动作中插入停止，动作中断执行后，便于手动执行无法记录的操作；单击动作面板中的 ▶ 按钮，可以继续执行接下来的命令。

在动作面板中选中需要在下方插入停止的命令，单击面板右上方的 ≡ 按钮，在列表中选择"插入停止"选项，在弹出的"记录停止"对话框中可以设置备注信息，勾选"允许继续"选项可以在停止后继续执行接下来的命令，如图12.11（a）所示。插入停止后，在动作下的命令列表中生成"停止"命令，如图12.11（b）所示。

在动作中插入停止后，在画板中选中一个对象，然后在动作面板中选中"变换复制"动作，单击 ▶ 按钮；动作执行到缩放命令后，Illustrator会提示暂停，如图12.12所示。"停止"命令执行后，用户可以手动执行其他操作，然后单击动作面板中的 ▶ 按钮，继续执行该动作的剩余命令。

（a）"记录停止"对话框

（b）"停止"命令

图12.11　插入停止

图12.12　暂停提示框

④ 在动作中插入不可记录的命令

在Illustrator中，有些编辑操作无法被直接记录到动作中，如效果和视图菜单中的命令。在动作面板中选中需要在下方插入一个命令的动作命令，单击动作面板右上方的 ≡ 按钮，在列表中选择"插入菜单项"，弹出"插入菜单项"对话框，然后执行需要插入的操作，例如，执行"视图→显示网格"命令，在"插入菜单项"对话框中会显示命令的名称，如图12.13（a）所示。在动作面板中，该命令被成功插入，如图12.13（b）所示。

（a）"插入菜单项"对话框

图12.13　插入不可记录的命令

（b）命令被插入

图12.13　插入不可记录的命令（续）

⑤ **存储动作**

在动作面板中创建一个动作集后，可以对该动作集进行存储，以便重复使用。首先在动作面板中选中需要存储的动作集，然后单击动作面板右上方的■按钮，在列表中选择"存储动作"，在弹出的对话框中可以设置文件的名称，如图12.14所示，文件的后缀名为.aia。

图12.14　存储动作

⑥ **载入动作**

Illustrator可以将外部的动作文件载入。首先单击动作面板右上方的■按钮，然后在列表中选择"载入动作"，在对话框中选择要载入的动作文件，单击"打开"按钮即可，如图12.15所示。

图12.15　载入动作

⑦ **更改动作或命令的顺序**

在Illustrator的动作面板中，可以调整动作或命令的顺序。在动作面板中，选中一个动作或命令，然后按住鼠标左键将其拖动到目标位置，松开鼠标左键，即可将选中的动作或命令移动到该位置，如图12.16所示。

图12.16　更改命令顺序

⑧ **复制动作或命令**

在Illustrator的动作面板中，可以对选中的动作或命令进行复制。首先选中一个动作或命令，然后单击动作面板右上方的■按钮，在列表中选择"复制"，即可对选中的动作或命令进行复制，如图12.17所示。

图12.17　复制命令

⑨ **再次记录**

动作录制完成后，可以对动作中的命令进行编辑，修改命令的参数。首先在动作面板中选中一个命令，然后单击动作面板右上方的■按钮，在列表中选择"再次记录"，即可在弹出的对话框中设置相关参数，例如，在动作面板中选中"旋转"命令，然后单击右上方的■按钮，在列表选择"再次记录"，即可在"旋转"对话框中设置旋转的角度，如图12.18所示。

图12.18　再次记录

12.2 批处理

在实际工作中，如果需要对一个文件夹中的多个图像进行相同的操作，可以使用批处理批量修改一个文件夹中的所有文件。下面详细讲解批处理的操作步骤。

在执行批处理前，需要先将所有文件保存在一个文件夹中，如图12.19所示；然后执行"窗口→动作"命令，单击动作面板右上方的█按钮，在列表中选择"批处理"。

图12.19　创建文件夹

打开"批处理"对话框后，在"播放"栏可以选择动作集和动作，确定对文件夹中的文件所执行的具体动作。单击"源"下面的"选取"按钮，可以在弹出的对话框中选择需要进行批处理的文件夹。单击"目标"下面的"选取"按钮，可以在对话框中选择批处理后的文件的保存地址，如图12.20所示。设置完成后，单击"确定"按钮即可，批处理后的文件将会保存至选中的目标文件夹。

图12.20　批处理

忽略动作的"打开"命令：勾选该选项，可以忽略动作中记录的"打开"命令。

包含所有子目录：勾选该选项，可以将批处理运用到文件夹中的所有子目录上。

忽略动作的"存储"命令：勾选该选项，可以忽略动作中记录的"存储"命令。

忽略动作的"导出"命令：勾选该选项，可以忽略动作中记录的"导出"命令。

 随学随练

在Illustrator中，结合动作和批处理可以对一个文件夹中的所有文件进行统一的变换操作，从而提高工作效率。本案例将使用这两种操作方法对文件夹中的文件进行批量操作。

【步骤1】将需要进行批处理的文件移动到同一个文件夹中，如图12.21所示。

图12.21　创建文件夹

【步骤2】选中"小花.ai"文件，用Illustrator打开；执行"窗口→动作"命令，单击动作面板下方的按钮█，在弹出的对话框中设置动作集的名称为"批处理"，单击"确定"按钮，如图12.22所示。

【步骤3】单击动作面板下方的█按钮，在对话框中设置动作的名称为"动作1"，动作集选择"批处理"，如图12.23所示；单击"记录"按钮，即可进入动作的记录状态。

【步骤4】按快捷键【Ctrl+A】全选文件中的图形，该命令被记录到动作中，如图12.24所示。

图 12.22　创建新动作集

图 12.23　创建新动作　　　图 12.24　全选命令

【步骤5】在工具栏中选中旋转工具，按住【Alt】键的同时单击鼠标左键，在"旋转"对话框中设置旋转的角度为45°，单击"复制"按钮，如图12.25所示。

【步骤6】在工具栏中双击比例缩放工具，在对话框中勾选"等比"选项，在其后的输入框中输入参数60%，单击"确定"按钮，如图12.26所示。

图 12.25　旋转复制

图 12.26　等比缩放

【步骤7】单击动作面板下方的■按钮，然后单击动作面板右上方的■按钮，在列表中选择"批处理"；在"批处理"对话框中，设置动作集为"批处理"，选择动作为"动作1"；单击"源"下面的"选取"按钮，选中步骤1创建的文件夹，单击"目标"下面的"选取"按钮，选中一个文件夹用来保存批处理后的文件，如图12.27所示。

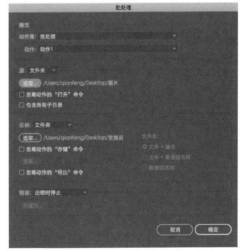

图 12.27　批处理

【步骤8】单击"确定"按钮后，Illustrator会自动对文件夹中的全部文件执行所选动作，并将执行动作后的文件保存在所选文件夹中，如图12.28所示。

图 12.28　批处理后

12.3 本章小结

本章主要讲解了创建动作和批处理的步骤，第1节讲解了动作的创建方法和编辑动作的相关操作，第2节讲解了批处理的操作步骤。通过本章的学习，读者可以通过创建动作对需要执行相同操作的对象进行快速处理，也可以利用批处理对一个文件夹中的全部文件进行相同的操作。

12.3 习题

1. 填空题

（1）执行_____命令可以打开动作面板。

（2）在动作面板中，单击_____按钮可以创建新动作集，单击_____按钮可以创建新动作，单击_____按钮可以对选中的图像执行选中的动作或命令。

（3）在动作面板的扩展菜单中，选择_____可以打开批处理面板。

（4）在动作面板的扩展菜单中，选择_____可以在动作中插入停止命令。

（5）在动作面板的扩展菜单中，选择_____可以在动作中插入不可记录的命令。

2. 选择题

（1）在动作面板中选中一个动作，然后单击（　　）按钮，可以将接下来的操作保存在动作中。

    A. 开始记录   B. 创建新动作

    C. 创建新动作集   D. 停止播放

（2）在动作面板中，单击（　　）按钮，可以使其后的动作或命令开启或关闭。

    A. 开始录制   B. 插入停止

    C. 停止播放/录制   D. 切换项目开关

（3）动作创建完成后，可以对动作进行编辑，包括（　　）等。（多选）

    A. 添加命令   B. 删除动作或命令

    C. 在动作中插入停止   D. 在动作中插入不可记录的命令

（4）单击动作面板右上方的█按钮，在列表中选择（　　），可以对该动作集进行存储，以便重复使用。

    A. 存储动作   B. 载入动作

    C. 替换动作   D. 重置动作

（5）单击动作面板右上方的█按钮，在列表中选择（　　），可以将外部动作载入以供使用。

    A. 清除动作   B. 重置动作

    C. 载入动作   D. 存储动作

3. 思考题

（1）简述创建动作的基本步骤。

（2）简述批处理的基本步骤。

4. 操作题

创建正文12.1.2中的动作。